职业教育无人机行业应用技术系列教材

无人机操控技术
（项目式·含工作页）

远洋航空科技（天津）有限公司 **组编**

主　编　高中华　胡乔生　李文君

副主编　张振亮　于大军　赵世军　赵世博　王敏杰

参　编　张树杰　李　波　刘秀霞　曹磊磊　夏　梦
魏建录　刘双龙

机械工业出版社
CHINA MACHINE PRESS

随着无人机在各个领域的应用不断成熟，各细分行业对无人机驾驶员的操控能力提出了更高要求。

为满足行业对无人机驾驶员高技能人才的需求，本书根据《国家职业技能标准　无人机驾驶员》《民用无人驾驶航空器系统驾驶员管理暂行规定》《无人机驾驶职业技能等级标准》，重点提炼出多旋翼无人机驾驶员应具备的理论知识及操控技能，并以“项目＋工作页”的形式展现给读者。

本书主要包括绪论、无人机模拟操控技术、无人机视距内操控技术、无人机地面站操控技术、无人机虚拟仿真训练、无人机自动机场六个项目。其中虚拟仿真软件是对操控能力训练的有效补充及检验的有效手段，组织者可通过后台实时查看训练和测试成绩。另外无人机自动机场可使无人机实现“去人工化”，实现无人值守、一键起飞、自动巡航、自动换电、自动降落归巢、数据采集传输等功能，使得无人机的应用场景更加广阔。无人机自动机场的操控也是驾驶员必备的一项技能。

本书可作为高等职业院校和中等职业院校无人机相关专业的教材，也可作为无人机爱好者和培训机构的参考用书。

本书配有电子课件、电子教案等资源，选用本书的教师可登录 www.cmpedu.com 注册后免费下载。

图书在版编目（CIP）数据

无人机操控技术：项目式·含工作页 / 高中华，胡乔生，李文君主编. — 北京：机械工业出版社，2023.10（2025.8重印）
职业教育无人机行业应用技术系列教材
ISBN 978-7-111-74047-6

Ⅰ. ①无…　Ⅱ. ①高…②胡…③李…　Ⅲ. ①无人驾驶飞机－职业教育－教材　Ⅳ. ①V279

中国国家版本馆CIP数据核字（2023）第207632号

机械工业出版社（北京市百万庄大街22号　邮政编码100037）
策划编辑：侯宪国　　责任编辑：侯宪国
责任校对：韩佳欣　张昕妍　韩雪清　　封面设计：马精明
责任印制：常天培
河北虎彩印刷有限公司印刷
2025年8月第1版第4次印刷
184mm×260mm・14.5印张・295千字
标准书号：ISBN 978-7-111-74047-6
定价：69.80元（含工作页）

电话服务
客服电话：010-88361066
　　　　　010-88379833
　　　　　010-68326294

网络服务
机　工　官　网：www.cmpbook.com
机　工　官　博：weibo.com/cmp1952
金　书　网：www.golden-book.com
机工教育服务网：www.cmpedu.com

编写委员会

主　任　高中华　胡乔生　李文君

副主任　张振亮　于大军　赵世军　赵世博　王敏杰

委　员　张树杰　李　波　刘秀霞　曹磊磊　夏　梦

魏建录　刘双龙

编审委员会

主　任　周　童

副主任　陈巧云　王治国

委　员　丛　雨　周风景　李　硕　皇运龙

前 言

无人机因其成本低、使用风险小、易操纵、具有高灵敏性，可携带各种载荷完成特殊任务，在军事和民用领域大展身手。目前，无人机广泛应用于航空拍摄、农林病虫害防护、交通管制、抢险救援、安全监测和物流快递等领域，成为我国经济增长点之一。同时无人机驾驶员的需求量也非常大，并将在很长一段时间处于供不应求的状态。

本书力求遵循以实用为主、够用为度、由浅入深、由易到难、由简到繁、循序渐进的教学规律，系统地介绍了无人机操控技术基础知识，主要包括绪论、无人机模拟操控技术、无人机视距内操控技术、无人机地面站操控技术、无人机虚拟仿真训练、无人机自动机场。

焚膏油以继晷，恒兀兀以穷年。本书是编写组成员所在的教学科研团队在无人机领域历年教学与科研实践的基础上，结合国内外相关文献所做的总结。主要章节编写分工如下：项目 1 由张振亮、张树杰编写，项目 2 由高中华、赵世博编写，项目 3 由胡乔生、曹磊磊编写，项目 4 由李文君、王敏杰、夏梦编写，项目 5 由于大军、李波、魏建录编写，项目 6 由赵世军、刘秀霞、刘双龙编写。感谢远洋航空科技（天津）有限公司为推动中国民用无人机产业、教育、服务的快速发展，精心组织相关人员编写此书；感谢各位委员和专家百忙之中抽出时间，为本书提供指导意见和相关素材；感谢在编写过程中，给我们提供帮助的所有朋友。

由于编者的水平有限，书中错误和不妥之处在所难免，恳请同行专家和广大读者不吝赐教。

编者

二维码清单

名称	图形	名称	图形
1. 无人机农林植保作业场景		9. 多旋翼无人机矩形航线模拟训练场景	
2. 无人机影视航拍作业场景		10. 多旋翼无人机匀速水平 8 字航线模拟训练场景	
3. FUTABA 遥控器改手		11. 遥控器与接收机的对频	
4. PhoenixRC 模拟软件安装步骤		12. 定点起降训练	
5. DJ Flight Simulator 模拟软件安装步骤		13. 水平定高飞行训练	
6. 多旋翼无人机起降模拟训练场景		14. 方向控制训练	
7. 多旋翼无人机四面悬停模拟训练场景		15. 四面悬停训练	
8. 多旋翼无人机自旋 360° 模拟训练场景		16. 水平自旋 360°	

（续）

名称	图形	名称	图形
17. 匀速矩形航线训练		24. 虚拟仿真考试模块使用说明	
18. 匀速 8 字飞行训练		25. 多旋翼 360° 自旋考核	
19. Mission Planning 地面站航线规划		26. 多旋翼水平 8 字考核	
20. QGroundControl 地面站航线规划		27. 自动机场归中系统	
21. DJI 地面站航线规划		28. 自动机场升降台	
22. AhedaX 地面站航线规划		29. 飞行控制平台自动任务规划	
23. 虚拟仿真软件的下载与安装			

目 录

项目 1　绪论

无人机作为一种新兴产品，由于成本低、无伤亡风险、机动性能好、可悬停、应用方便及高效等特性，目前正以“无人机+”的形式改变着传统行业的工作模式。无人机近几年在国内外都得到了迅猛发展，已普遍应用于各行各业，例如在民用领域广泛应用于影视航拍、农林植保、电力巡线、抢险救援等方面。

无人机作为一种载体，若想圆满完成飞行任务，其驾驶员的操控技能至关重要。对于驾驶员来讲，飞行技术的高低是关键，故无人机操控技术是任务完成的基础。

本项目主要包括无人机及无人机系统相关概念、无人机驾驶员及能力要求、无人机操控技术能力要求等内容。

任务 1　无人机概述

任务目标

1. 掌握无人机及无人机系统的概念及组成。
2. 了解无人机常用分类方式。
3. 了解无人机在各个领域的应用场景。

任务描述

无人机技术作为一种新兴技术，随着技术的进步，近几年在国内外都得到了迅猛发展。无人机不仅改变了传统的军事作战方式，还因其生产成本低、安全系数高、生存能力强、机动性能好等优点，在民用领域也得到了广泛应用。

本任务重点介绍无人机及无人机系统的概念、无人机的常见分类及行业应用场景。

任务学习

知识点1：无人机及无人机系统

1. 无人机

无人机，顾名思义可理解为无人驾驶的飞机，通常是指利用无线电遥控设备或自备的程序控制装置操纵的不载人飞行器。

中国民用航空局飞行标准司在2018年8月31日颁布的咨询通告AC-61-FS-2016-20R1《民用无人机驾驶员管理规定》中对无人机的定义如下：无人机（Unmanned Aircraft，UA）就是由控制站管理（包括远程操纵或自主飞行）的航空器，也称远程驾驶航空器（Remotely Piloted Aircraft，RPA）。

2. 无人机系统

无人机是一个整体系统，严格意义来讲，应称之为无人机系统，在这个体系中缺少任何一个分系统都会导致无人机无法正常飞行或缺失某项功能。

无人机系统（Unmanned Aircraft System，UAS）是指由无人机、地面站、数据链路、任务载荷、发射/回收装置、支援设备等组成的系统，也称远程驾驶航空器系统（Remotely Piloted Aircraft Systems，RPAS），如图1-1所示为一种典型的无人机系统。

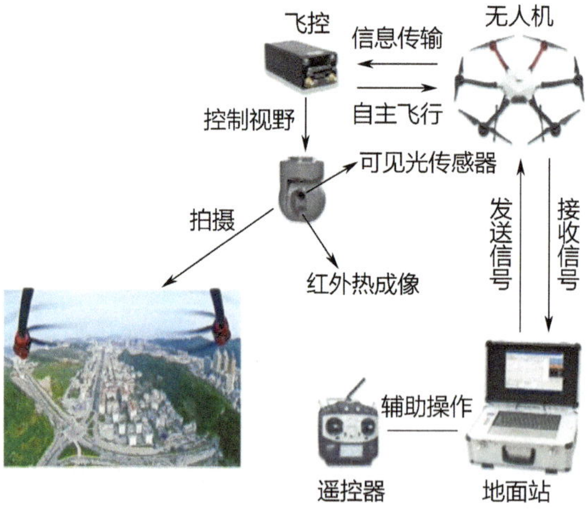

图1-1　一种典型的无人机系统

1）无人机。执行任务的载体，可携带任务设备，到达目标区域并完成要求的任务。

2）地面站。地面的基站，是无人机的指挥中心，可将无人机发回来的信息进行分析、处理，同时也可给无人机下达各种指令。

3）数据链路。无人机与地面系统联系的纽带，是无人机系统中最关键的部分，也是最脆弱的部分。数据链路有上行通道和下行通道。上行通道是实现对无人机的飞行控制；下行通道是完成对无人机飞行状态参数的遥测。

4）任务载荷。无人机上所载的设备、武器、探测装置等。

5）发射 / 回收装置。一些较大型的无人机需要有发射 / 回收装置。保证无人机既能飞出去，也能收得回来，可重复使用。

6）支援设备。包括装载车辆、维护设备、测试设备等。

知识点 2：无人机的分类

随着无人机技术的快速发展，无人机的种类繁多、型号各异，各具特点，用途广泛。一般情况下，可根据飞行平台构型、应用场景、质量大小、活动半径、任务高度等的不同，对无人机进行分类。

无人机按照飞行平台构型不同，可分为固定翼无人机（见图 1–2）、无人直升机（见图 1–3）、多旋翼无人机（见图 1–4）、垂直起降固定翼无人机（见图 1–5）、无人自转旋翼机（见图 1–6）、无人飞艇（见图 1–7）、扑翼无人机（见图 1–8）等。

图 1–2　固定翼无人机（彩虹 –4 无人机）

图 1–3　无人直升机（中国“旋戈”无人直升机）

图 1–4　多旋翼无人机

图 1–5　垂直起降固定翼无人机

图 1-6 无人自转旋翼机

图 1-7 无人飞艇

图 1-8 扑翼无人机

对无人机进行分类，不仅有助于相关标准规范的确立，还有助于无人机的飞行管理及行业的健康发展。无人机除了可以按照飞行平台构型不同进行分类，还有其他的分类方法（见图 1-9）。

知识点 3：无人机的行业应用

随着技术的不断发展，无人机机型越来越小巧、性能越来越稳定，使其应用场景不断扩大。无人机是空中的飞行平台，当搭载上不同的设备时就可以实现不同的用途，应用到各行各业中。比如：

1）挂载相机或摄像机，可用于影视拍摄、城市规划、交通巡查、工程建设巡查、国土资源巡查、电力石油巡查、新闻报道、海事巡逻等。

2）挂载红外传感器，可用于应急搜救、夜间监测等。

3）挂载灭火系统，可用于城市消防、森林灭火等。

4）挂载喷洒系统，可用于农业林业等病虫防治、作物营养剂喷洒等。

5）挂载烟火或灯光，可用于商业表演、应急救援等。

可见，无人机是一种传感器的艺术，在诸多应用中，属于前端传感器，它采集到的数据导入到后期软件中，如 PIX4D 等三维建模软件（领先的航空摄影测量软件），可直接生成三维模型，用于影视动漫、游戏制作、智慧城市设计、建筑规划、测量测绘、快

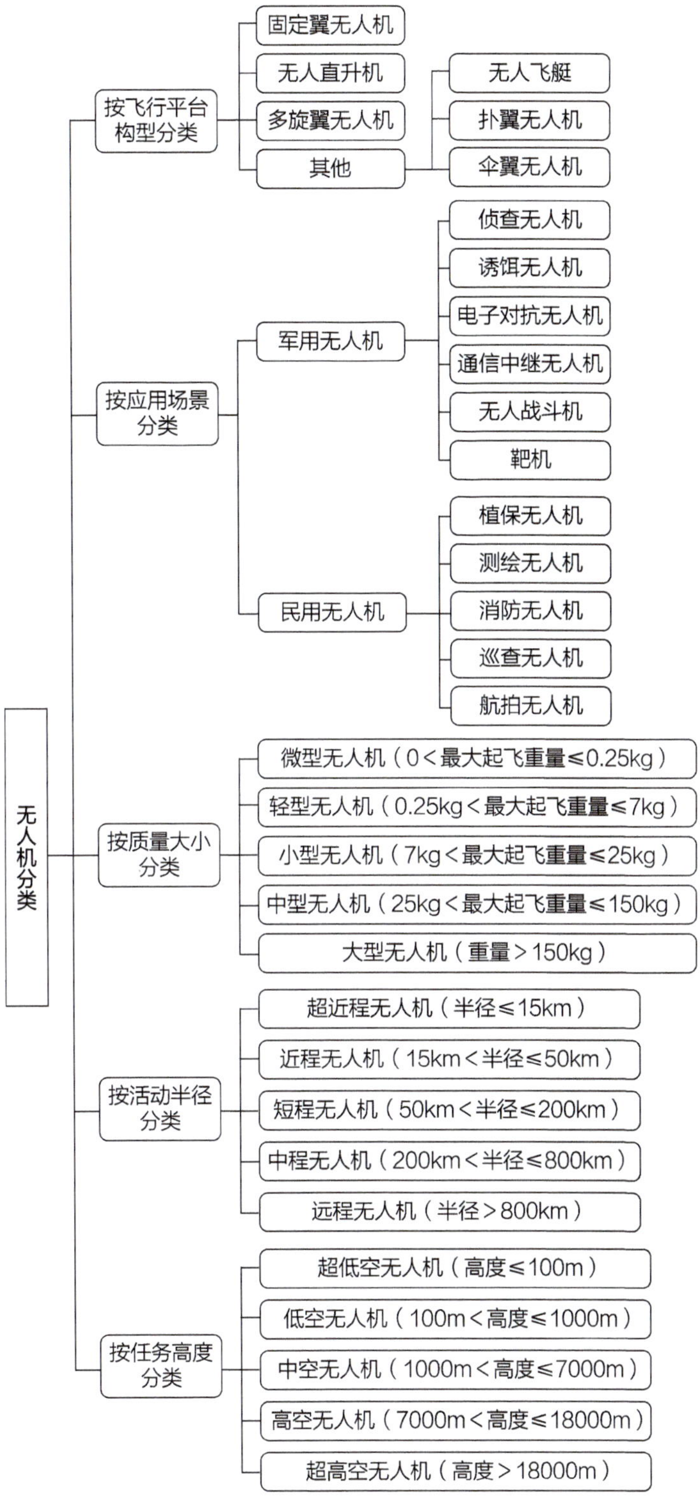
无人机分类
按飞行平台构型分类
固定翼无人机
无人直升机
多旋翼无人机
其他
无人飞艇
扑翼无人机
伞翼无人机
按应用场景分类
军用无人机
侦查无人机
诱饵无人机
电子对抗无人机
通信中继无人机
无人战斗机
靶机
民用无人机
植保无人机
测绘无人机
消防无人机
巡查无人机
航拍无人机
按质量大小分类
微型无人机（0＜最大起飞重量≤0.25kg）
轻型无人机（0.25kg＜最大起飞重量≤7kg）
小型无人机（7kg＜最大起飞重量≤25kg）
中型无人机（25kg＜最大起飞重量≤150kg）
大型无人机（重量＞150kg）
按活动半径分类
超近程无人机（半径≤15km）
近程无人机（15km＜半径≤50km）
短程无人机（50km＜半径≤200km）
中程无人机（200km＜半径≤800km）
远程无人机（半径＞800km）
按任务高度分类
超低空无人机（高度≤100m）
低空无人机（100m＜高度≤1000m）
中空无人机（1000m＜高度≤7000m）
高空无人机（7000m＜高度≤18000m）
超高空无人机（高度＞18000m）

图 1-9　无人机分类

递派送等。下面简单介绍几种无人机的常见应用领域。

无人机农林植保作业场景

1. 农林植保

利用无人机技术喷洒农药，并且可以通过无人机对农作物的生长、灌溉以及产量进行数据监测，如图 1-10 所示。

图 1-10　无人机农林植保领域的应用

2. 环境监测

无人机不受时间、空间的限制且效率高，甚至可以在遥感卫星信号弱的情况下，对土壤、空气、水质以及特定区域进行数据的检测和采集，因此在环境监测领域得到广泛应用，如图 1-11 所示。

图 1-11　无人机环境监测领域的应用

无人机影视航拍作业场景

3. 影视航拍

快镜头、高空取景等拍摄时，使用无人机可以提高效率，同时还能根据场景进行多角度调整；在一些广告或者摄影中也经常会用到无人机拍摄，如图 1-12 所示。

图 1-12 无人机影视航拍领域的应用

4. 电力巡检

无人机可以在偏远或者位置比较高的基站中，代替人力进行巡线检测，并且具有效率高、完成率好的优点，如图 1-13 所示。

图 1-13 无人机电力巡检领域的应用

5. 航空测绘

通过无人机对灾害性气候以及发生自然或人为灾难时进行快速地检测，收集实时数据，为救援以及制订灾后预案提供快速全面的帮助，如图 1-14 所示。

图 1-14 无人机航空测绘领域的应用

6. 无人机物流

近年来，人工智能的重要落地场景之一就是智能物流体系的加速发展。生活节奏不断加快，人们对物流配送的效率要求也越来越高。未来伴随着技术、成本、政策等方面的瓶颈逐渐被打破，无人机送货时间会越来越短。无人机物流配送如图 1–15 所示。

图 1–15　无人机物流领域的应用

总体来说，无人机的应用非常广泛，其应用潜力也在不断开发中，概括来讲，无人机的应用领域及案例见表 1–1。

表 1–1　无人机的应用领域及案例

应用领域	案例	应用领域	案例	应用领域	案例
国土	测绘	地质	矿区勘探	交通	公路巡检
	规划		灾害评估救援		铁路巡检
	自然资源调查		探矿		事故现场勘察取证
	土地确权管理		地质填图		应急救援
保险	农业保险		储量测算		违法取证
	财产保险		矿山修复		道路沉降监测
	统计	海洋	海事巡查	水利	水域监测
	出险现场取证		岛礁测绘		水坝变形监测
文物保护	考古勘察		海洋生态监测		河道治理
	文物保护		物资运输		渔船监测
	文物修复	应急	水灾、洪涝应急		非法侵入预警
	旅游规划		地震搜救	消防	森林防火
	数字文物建设		环保应急		城市灭火
安防	安防应急		疫情应急		火灾预警
	安防巡检		地质灾害应急		消防救援
	安防预警		通信保障应急		救援指挥

（续）

应用领域	案例	应用领域	案例	应用领域	案例
电力	电力架线	国防	边界巡检	物流	低空运输
	电力巡检		空中侦查		急救物资运送
	电力检修		空中打击	航拍	影视
	光伏风电		训练靶机		商业拍摄
	电站检测		军事活动		直播
林业	森林巡检	农业	土壤修复		爱好拍摄
	植保		播种	环保	巡查
	枯疏调查		植保喷洒		空气检测
	产量预估		畜牧监测		水、气、土取样分析
公安	犯罪追踪打击		植物分析		违法取证
	执法取证		生长评估	油气	勘探、探测
	空中警力		虫害预警		管道巡检
	搜救	集群编队	集群表演		油气保护
竞技娱乐	FPV		任务协作		石油储量计算
	娱乐、竞技		编队飞行	动、植物保护	环境、健康监测
	旅游自拍		活动庆典		种类、习性调查

任务核验

1. 请举例说明无人机在民用领域的应用，并进一步讨论其在此应用领域的载荷类型及工作原理。

2. “绿水青山就是金山银山”，生态环境保护已是国家的重中之重。请结合环境治理方案，阐述无人机在环境监管方面的应用？

3. 随着电子科技、人工智能的进步，无人机航拍开始被越来越多的新闻媒体所青睐，而且传播效果良好。请阐述无人机航拍系统的组成部分及作用。

任务2 无人机操控技术概述

任务目标

1. 了解无人机驾驶员的概念、工作任务及能力要求。
2. 了解无人机的操控类型。
3. 了解无人机操控技术。
4. 能够总结出作为一名无人机驾驶员应具备的能力。

任务描述

随着无人机在各行各业的应用逐渐增多，从事无人机驾驶职业的人数逐年增加。根据中国民用航空局飞行标准司正式发布的《中国民航驾驶员发展年度报告（2021年版）》可知，已发放的无人驾驶航空器（无人机）有效驾驶员执照120844本，其中超视距驾驶员执照数量为38476本，视距内驾驶员执照数量为78695本，教员执照数量为3673本，主要分布在各民用无人机生产研发企业、相关应用单位以及大专院校等，其中，机型分布中最多的是多旋翼无人机。

本任务重点介绍无人机驾驶员相关概念、无人机驾驶员应具有的职业能力及无人机相关的职业资格证书。

任务学习

知识点1：无人机驾驶员

1. 无人机驾驶员的概念

2019年4月1日，人力资源和社会保障部、市场监督管理总局、统计局正式向社会发布了包含无人机驾驶员在内的13个新职业信息，再一次印证了社会对无人机驾驶员的迫切需求。

无人机驾驶员，就是通过远程控制设备驾驶无人机完成既定飞行任务的人员。

2. 无人机驾驶员的主要工作任务

无人机驾驶员的主要工作任务包括：

1）安装、调试无人机电动机、动力设备、桨叶及相应任务设备等。

2）根据任务规划航线。

3）根据飞行环境和气象条件校对飞行参数。

4）操控无人机完成既定飞行任务。

5）整理并分析采集的数据。

6）评价飞行结果和工作效果。

7）检查、维护、整理无人机及任务设备。

3. 无人机驾驶员的能力要求

无人机驾驶员不仅要具备扎实的理论知识和精湛的操控技能，还应了解无人机行业应用知识，具备客观求实和科学表达的能力，甘于奉献、勇于探索的精神。一名优秀的无人机驾驶员应具备以下能力。

（1）安全高效的任务实施能力

1）正确理解飞行任务单。

2）按任务单精准完成飞行任务。

3）认真总结每次飞行操控结果。

4）在飞行操控中保持警觉，及时发觉异常现象。

5）在飞行操控中及时正确处理异常现象。

6）保持镇静，具备处置突发事件的能力。

（2）扎实的理论知识　无人机驾驶员应该学习和掌握无人机基础理论知识，包括无人机结构与系统、无人机飞行原理、无人机法律法规及飞行安全、无人机导航及通信技术、无人机任务载荷及应用技术、无人机虚拟仿真技术等。

（3）熟练的无人机操控能力

1）无人机驾驶员的日常训练大都是在飞行仿真模拟器上完成的。模拟器是帮助初学者培养正确的打舵方向和打舵时机的一种计算机模拟软件。通过在模拟器上的练习，能够大大节约入门的时间和成本，减小炸机的可能，使无人机驾驶员快速成长。因此模拟操控技术是无人机驾驶员必备的首要技能。

2）无人机手动摇杆飞行操控技术准确地说是一种遥控飞行，虽然实际应用中使用的机会较少，但遥控飞行操控技术仍是无人机驾驶员必须掌握的技术，也是无人机自主飞行及应急处理的基础。

3）无人机操控不同于有人机，其自主飞行属于常态飞行，因此自主飞行下的操控技术也就成为无人机驾驶员必须熟练掌握的基本飞行操控技术。对于自主飞行，无人机驾驶员还担负着航线规划员的职责，因此掌握航线规划知识，会使用航线规划软件并根据任务单规划合适的航线，也包含在了飞行操控技术要求之中。

（4）全面的工程技术知识　理论知识为无人机驾驶员承担飞行任务奠定了技术理论基础，随着参加飞行实践项目，这些知识和理论会不断地应用、深化、更新。特别是某一特定应用场景、特定型号的无人机，驾驶员必须清楚它的特点，做到有的放矢，这就是工程技术要求。

工程技术要求主要包括无人机的气动特性、飞控系统特性、发动机特性、结构特性、其他系统特性和综合信息。要求无人机驾驶员认真学习和消化无人机说明书和飞行操纵手册，熟记操作流程并铭记关键参数，做到活学活用。

知识点 2：无人机操控类型

一般来说，无人机的操控方式有遥控器操控、地面控制站操控以及自动机场操控三种类型。

1. 遥控器操控

一般无人机的起降阶段都是由遥控器进行操控的，但随着电子技术等科技的发展，飞行操控的稳定性和智能程度越来越高，遥控器操控在行业应用中也逐渐被地面站操控所取代。

另外，除了起降阶段，无人机视距内飞行也是由遥控器操控的。一般在无人机培训、无人机航拍或电力巡检等领域，也会根据实际情况使用遥控器操控。图 1-16 为无人机遥控器操控飞行。

图 1-16　无人机遥控器操控飞行

2. 地面控制站操控

地面控制站操控主要是指驾驶员不通过遥控器，而是直接通过地面控制站操控无人机飞行。地面控制站操控主要应用在超视距飞行阶段，或者需要应用地面控制站软件进行航线规划的行业应用上，主要有无人机地面控制站培训、航测、超远距离监测等。图 1-17 为无人机地面控制站操控。

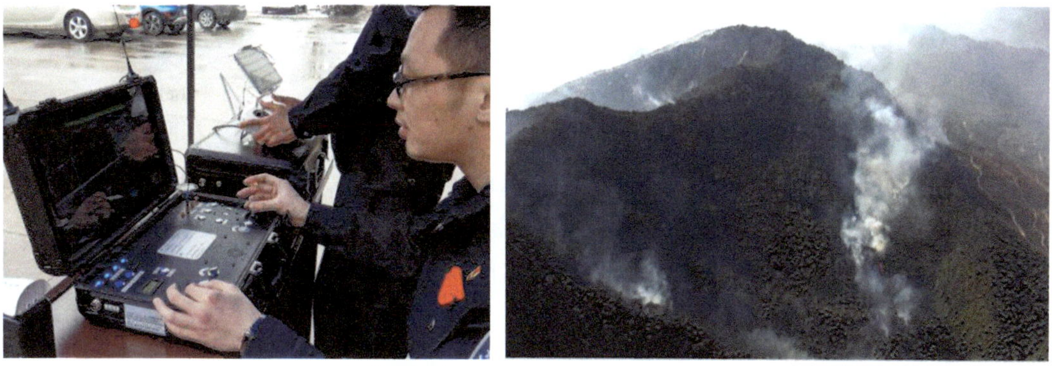

图 1-17 无人机地面控制站操控

3. 自动机场操控

无人机自动机场是实现无人机全自动、全自主作业的地面基础设施，是实现无人机自动起降、存放、自动充电、远程通信、数据存储、智能分析等功能的重要设备。依托于自动机场的全自动化功能，无人机可以在无人干预的情况下自行起飞、降落和充电，可替代人工现场操作无人机，提高作业效率，彻底实现无人机的全自动、全自主作业，是未来在特定行业应用领域的一种主流无人机操控方式，发展前景巨大。

知识点 3：无人机操控技术

无人机的种类繁多，其操控也不尽相同，但总的来说，无人机操控技术可以从两个方面来考虑：一是从设计者的角度考虑，可以按照前面讲过的用控制方式来划分，这里不再赘述；二是从使用者的角度考虑，可以按照整个飞行过程所涉及的操控技术层面划分，分为流程操控、状态监控和应急操控三个层面。

1. 流程操控

无人机执行任务时，其飞行操控都有一套正规流程，如果在飞行中发生意外，那么按照这套流程去做，应该能保证无人机从起飞到着陆顺利完成飞行任务。这套流程操控是每一位无人机驾驶员必须掌握的。

2. 状态监控

状态监控就是无人机在飞行过程中，由操控员通过遥测参数回传来监视控制整个无人机飞行的全过程。因为现代的无人机大多是按照预先规划的航线进行自主飞行，如果不需要临时改变航线或是应对突发情况，基本不需要操控员去干涉无人机，因此对于操控员来说，状态监控是飞行中的常态，是每一名操控员最熟悉的也是最应该熟悉的过程。

3. 应急操控

对于无人机操控员来说，控制无人机安全飞行、完成预订任务是其职责，保证飞行安全始终是飞行操控员的第一准则。当无人机操控员飞行次数不断增多，累计飞行时间不断增长时，在飞行中出现意外情况的概率就会不断增加，当出现这些意外情况时，对于无人机操控员来说，应急操控就成了一个不可避免的问题。

关于应急操控主要有三个原则：防患于未然、时刻保持安全飞行、保持冷静，果断决策，将损失降至最低。

知识点 4：无人机职业及证书

无人机相关职业见表 1–2，无人机相关证书见表 1–3。

表 1–2 无人机相关职业

	编号	名称	类型	详情
人力资源和社会保障部	4-99-00-00	无人机驾驶员	职业	通过远程控制设备，操控无人机完成既定飞行任务的人员
	6-23-03-15	无人机装调检修工	职业	使用设备、工装、工具和调试软件，对无人机进行配件选型、装配、调试、检修与维护的人员
	4-08-03-07	无人机测绘操控员	职业	使用地面监控系统，操控无人机搭载的航摄仪、传感器及其他设备，进行地表数据采集和影像预处理的人员
	4-08-03-02	无人机摄影测量员	职业	使用大中型飞行器观测平台、数字测量仪、交换机等仪器设备，进行航空航天影像数据和遥感影像的采集、调绘、加密、纠正、判译、测图等，并绘制地形原图和生产数字影像产品的人员

表 1–3　无人机相关证书

证书类型	有效期	证书名称	证书详情
技能类证书	长期有效	国家职业技能等级证书	有无人机驾驶员、无人机装调检修工、无人机测绘操控员、无人机摄影测量员等，具体见表 1–2
		1+X 证书	有多个无人机工种类别的证书。标准适用于中等职业院校、高等职业院校和应用型本科院校，面向数十种不同单位的职业岗位和无人机应用场景
操作类证书	有效期，需要审证	民航局执照	有视距内、超视距、教员三种类型，考试包括理论科目、综合问答、实操飞行、地面站考试四个部分
		UTC	飞手在通过相关考核后会获得由慧飞颁发的《慧飞学员合格证书》，以及由中国摄影家协会摄影教育委员会、中国无人机产业创新联盟联合颁发的《UTC 无人驾驶航空器系统操作手合格证》，仅是入职企业工作能力资格证，或者叫“上岗证”
		ASFC（中国航空运动协会）	机型分多旋翼、直升机和固定翼三种。多旋翼有初级、中级、高级三个等级，14 周岁以上就可以申请初级。直升机和固定翼只有中级及以上

任务核验

1. 自行查阅资料，用数据说明无人机驾驶员的发展前景。

2. 简述无人机驾驶员能力的重要性。

3. 讨论分析作为一名优秀的无人机驾驶员，应具有哪些能力？

项目 2　无人机模拟操控技术

随着无人机在消费、植保、电力、安防、测绘等领域的应用日趋增多，对无人机驾驶员的专业性、熟练程度要求也越来越高。

对于没有操作基础的学生而言，在实操飞行中出现的安全隐患和炸机带来的经济损失，一直是学校的难题。近年来，可用计算机软件模拟真实的飞行环境，使学生更好地进入到近乎真实的场景学习和操作，受到广大学习者的青睐。无人机模拟软件即是一款模拟真实环境的训练软件，学生通过软件反复训练，可以快速提升飞行技能和学习效率。

本项目主要包括无人机遥控器、无人机模拟飞行软件的安装及使用、无人机模拟操控飞行等内容。

任务 1　遥控器

任务目标

1. 了解遥控器的用途、组成、频段、操作方式。
2. 了解常用的无人机遥控器种类。
3. 掌握遥控器面板结构。

任务描述

遥控器是无人机驾驶员赖以生存的部分，无人机飞行的目的虽是无人机可以完全脱离地面遥控器的控制，但是对于很多无人机初学者来说，在还没有学会如何为无人机做航线规划和全自动飞行时，遥控器仍然有着至关重要的地位。

本任务重点介绍无人机遥控器的概念、操作方式、常用遥控器种类及使用注意事项等。

任务学习

知识点 1：遥控器介绍

1. 遥控器的概念

无线电遥控器（Remote Control，RC）是利用无线电信号对远方的各种设备进行控制的遥控设备。这些信号被远方的设备接收后，可以指令或驱动其他各种相应的机械或者电子设备，去完成各种操作。

遥控器遥控功能的实现是一个系统工程，主要由信号生成（手动操作产生信号）、信号调制发射、信号接收解调、信号解码（驱动舵机等）四个环节构成。遥控器也称发射机，除了遥控器本体，还有一个接收机与之配合，如图 2-1 所示。遥控器要实现与无人机通信的功能需要发射器与接收机这两部分配合完成，即：遥控器上的控制杆转为无线电波发送给接收机，而接收机通过接收无线电波，读取遥控器上控制杆的读数，并转为数字信号发送到无人机的控制器中。遥控器的工作原理为：操控者通过拿在手中的遥控器（拨动遥控器上的旋钮和摇杆）将控制无人机前进、后退、左右转弯等指令变成电信号并将其发射到空中；无人机上装载的遥控接收机收到这些电信号后再通过飞控输出控制指令，从而实现对无人机飞行姿态的控制。

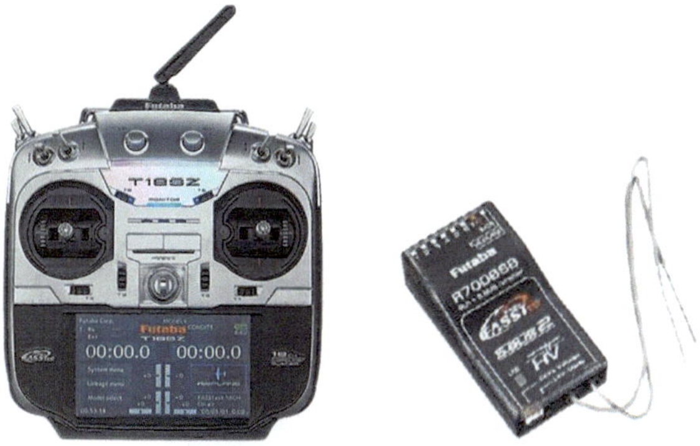

图 2-1 遥控器与接收机

2. 遥控器的频段

目前用于无人机遥控器主流的无线电频率是 2.4GHz，这样的无线电波波长更长，可通信的距离较远，也能够有效防止相互干扰的问题，普通 2.4GHz 遥控器与接收机的通信距离在空旷的地方大概在 1km 以内。

因为无线电波在传输过程中可能受到干扰或是发生数据丢失等问题，当接收机无法接收到发射器的数据时，通常会进入保护状态，也就是仍向无人机发送控制信号，此时的信号就是接收机收到遥控器发射器最后一次的有效数据。这样因为信号丢失而发送的保护数据通常称为 failsafe 数据。

遥控器与无人机的通信协议有多种，常见的数据协议如下：

（1）pwm　需要在接收机上接上全部 pwm 输出通道，每一个通道就要接一组线，解析程序需要根据每一个通道的 pwm 高电平时长计算通道数值。

（2）ppm　按固定周期发送所有通道 ppm 脉宽的数据格式，一组接线，一个周期内发送所有通道的 ppm 值，解析程序需要自行区分每一个通道的 ppm 时长。

（3）sbus　每 11 个 bit 位表示一个通道数值的协议，串口通信，但是 sbus 的接收机通常是反向电平，连接到无人机时需要接电平反向器，大部分支持 sbus 的飞行控制板已经集成了反向器，直接将以旧换新机连接到飞行控制器即可。

（4）xbus　常规通信协议，支持 18 个通道，数据包较大，串口通信有“MODE A”和“MODE B”两种模式，可以在遥控器的配置选项中配置。接收机无需做特殊配置。

3. 无人机常用遥控器品牌

无人机常用的遥控器有只用来模拟飞行使用的飞行遥控模拟器和既可以遥控实体无人机也可以模拟飞行的遥控器。

飞行遥控模拟器是在模拟飞行中操纵无人机的设备，外形和手感与遥控器相似。模拟器一般采用两种形式，一种是直接带有 USB 接口的模拟器，如 SM-600 模拟器，如图 2-2 所示。这种模拟器只能用来连接计算机而无法通过对频遥控实体的无人机，价格也相对便宜。

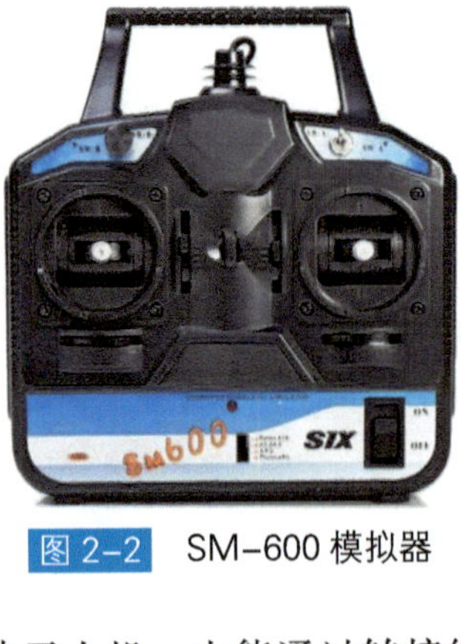

图 2-2　SM-600 模拟器

另一种则是既可以遥控实体无人机，也能通过转接线连接计算机对模拟器进行控制的遥控器，常见的有天地飞遥控器（见图 2-3a）、乐迪遥控器（见图 2-3b）、富斯遥控器（见图 2-3c）、Futaba 遥控器（见图 2-3d）等。这种遥控器本身没有 USB 接口，要通过一根转接线和加密狗，来连接计算机实现模拟器的操控，价格从几百元到几千元不等，成本相对较高。

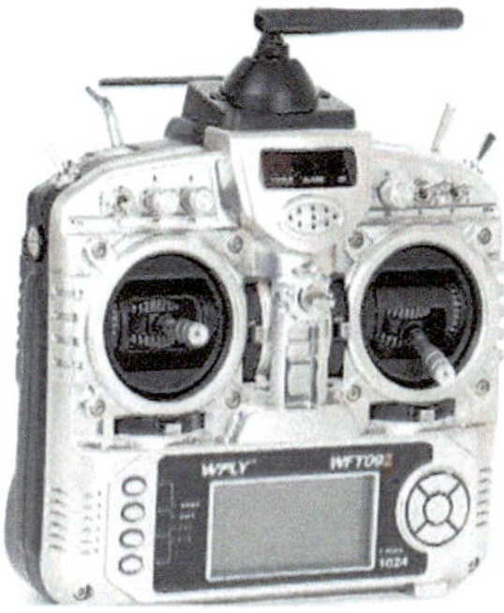

a）天地飞遥控器

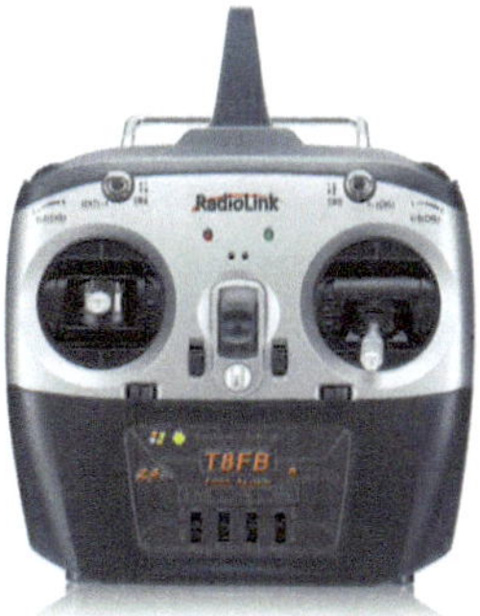

b）乐迪遥控器

c）富斯遥控器

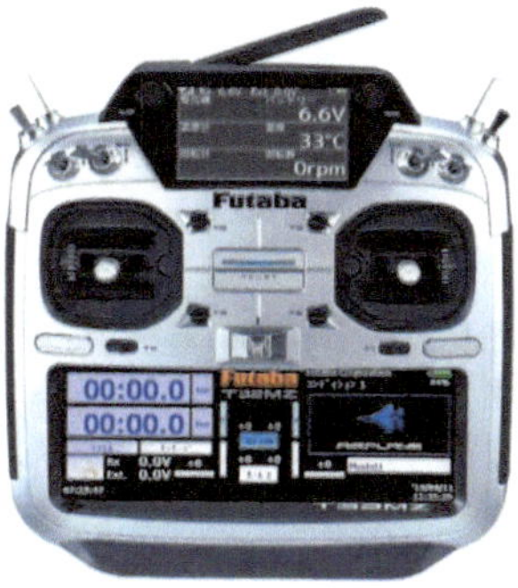

d）Futaba 遥控器

图 2-3　无人机常用遥控器

知识点 2：美国手与日本手

1. 美国手（左手油门）

美国手遥控器的操控是左手摇杆在竖直方向为油门舵控制、水平方向为方向舵控制；右手摇杆在竖直方向为升降舵控制，水平方向为副翼舵控制，如图 2-4 所示。

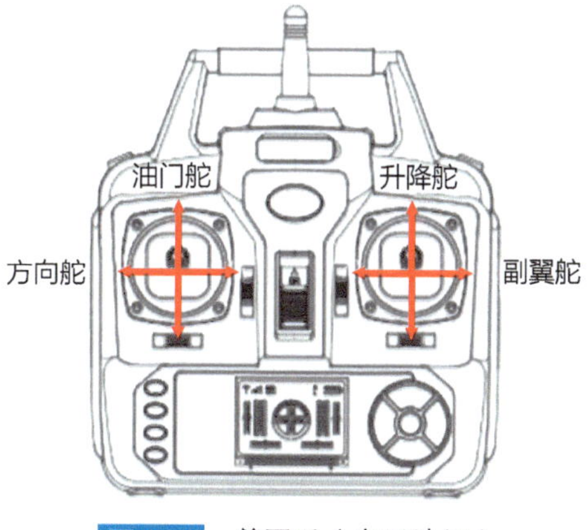

图 2-4　美国手（左手油门）

2. 日本手（右手油门）

日本手遥控器的操控是左手摇杆在竖直方向为升降舵控制、水平方向为方向舵控制；右手摇杆在竖直方向为油门舵控制，水平方向为副翼舵控制，如图 2-5 所示。

FUTABA 遥控器改手

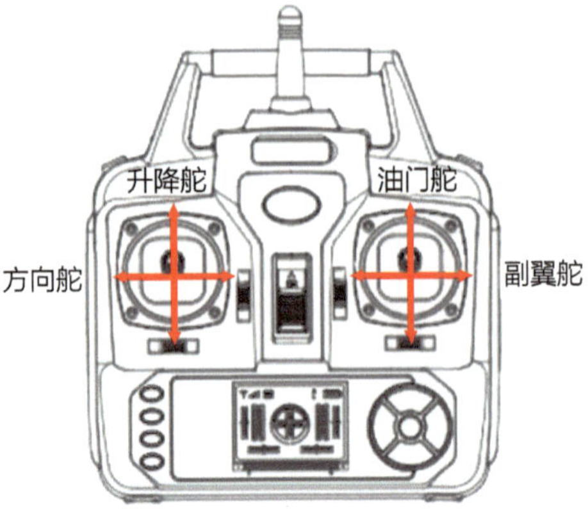

图 2-5 日本手（右手油门）

值得注意的是副翼舵、升降舵、油门舵、方向舵都是对于固定翼无人机来讲的，对于多旋翼无人机和无人直升机，通过副翼舵控制左右方向上的移动，升降舵控制前后方向上的移动，油门舵控制无人机的上升和下降，方向舵则是控制机头指向，改变航向。

对于“美国手”和“日本手”操作方式上并没有太大区别，只是因个人习惯而异。对于多旋翼无人机的飞行操控，建议采用“美国手”操作更加直观，上手更快。对于固定翼无人机的飞行操控，建议采用“日本手”操作更加细腻，操作更加精准。另外，还有“中国手”，用的人比较少，我们不再赘述。在本书中，默认采用美国手进行无人机的操控飞行。

知识点 3：遥控器双手操纵方式

遥控器常用的操纵方式有捏杆式和压杆式。

1. 捏杆式操纵方式

捏杆式操纵方式是拇指的指肚按在操纵杆上，食指指肚放在操纵杆侧面，如图 2-6 所示。此种操纵方式食指就像弹簧一样，缓冲拇指带动操纵杆的运动，让控制更加细腻，更容易掌握，这种操纵方式适合刚开始学习飞行的新手。

2. 压杆式操纵方式

压杆式操纵方式是大拇指直接按在操纵杆上部，如图 2-7 所示。此种操纵方式拇指没有限位，所以要想很好地操纵无人机需要精准的打杆量，如果拇指带动摇杆运动的幅度偏大，无人机的姿态反应就会比较大，故需要长期练习，感受不同杆位的阻力力矩，才能很好地掌控无人机。

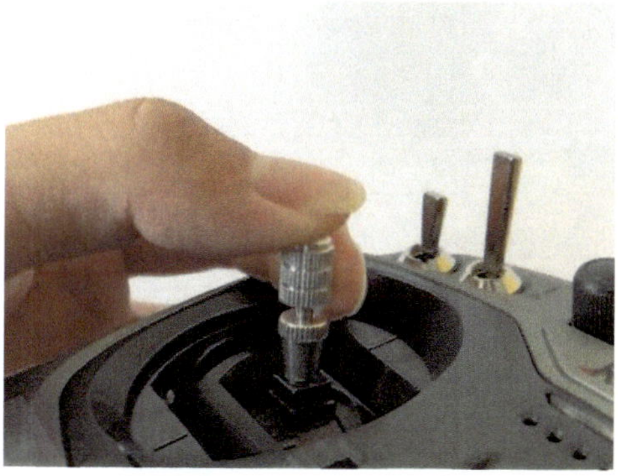
图 2-6　捏杆式操纵方式

图 2-7　压杆式操纵方式

知识点 4：遥控器面板

1. 富斯 SM600 模拟器

富斯 SM600 模拟器面板如图 2-8 所示。

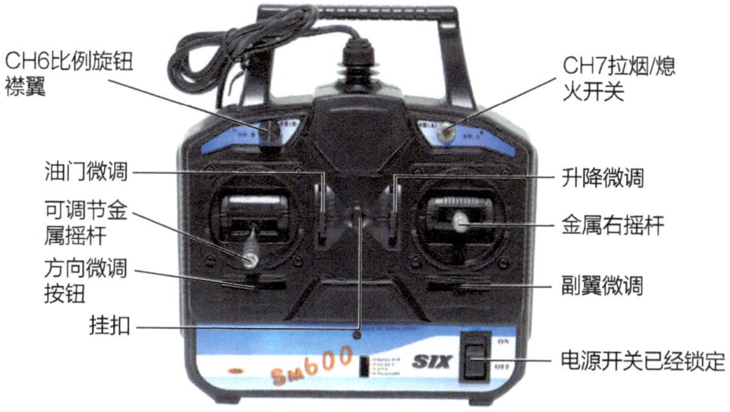

图 2-8　富斯 SM600 模拟器面板

2. 乐迪 AT9S 遥控器

乐迪 AT9S 遥控器如图 2-9 和图 2-10 所示。

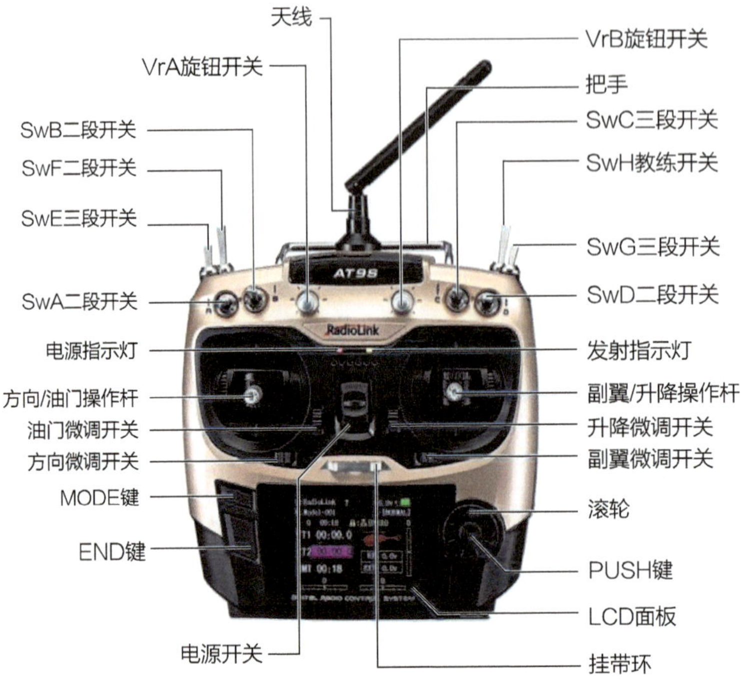

图 2-9　乐迪 AT9S 遥控器面板

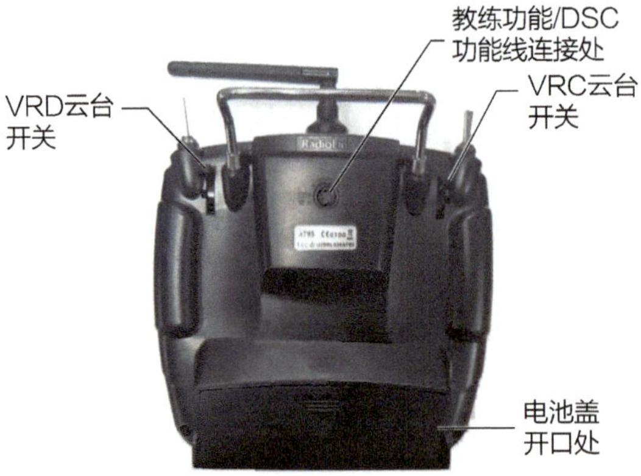

图 2-10　乐迪 AT9S 遥控器背板

知识点 5：遥控器使用注意事项

1. 飞行前、飞行中、飞行后注意事项

1）飞行前务必检查电池电量以及舵面动作测试。

2）准备飞行时如需将发射机放置于地上，勿竖直放置。

3）飞行中绝对不要握住发射机的天线，否则会导致发射机输出信号衰减至极低。

4）飞行中天线的末端不要朝向飞机机身的方向。

5）飞行过程中，发动机或电动机在运转过程中不可以关闭电源开关。

6）打开电源时确保发射机的操纵杆已放在最低位；关闭电源时确保发动机或电动机已经停止。

2. 遥控器的存放注意事项

1）勿将遥控器存放在阳光直射、湿气较重、振动较大、灰尘较多、有蒸气或热源的场所保管。

2）遥控器长时间存放时，将蓄电池从发射机内取出，在 0~30℃干燥环境保存。

任务核验

1. 常用遥控器的品牌有哪些？请举例说明并简述其特点。

2. 请描述无线电遥控器系统由哪两部分组成，并描述其通信过程。

3. 练习遥控器的操纵方式。

任务 2 模拟飞行软件

任务目标

1. 了解常用的模拟飞行软件。
2. 能安装和调试模拟飞行软件。
3. 熟悉模拟飞行软件的界面。

任务描述

无人机模拟飞行是利用模拟飞行软件和模拟遥控设备，应用互联网、局域网环境达到逼真的仿真飞行操作技术的训练。模拟飞行软件可以实现 90% 以上飞行项目的训练，模拟飞行软件具有使用方便、经济、安全、可靠、通用性强、成本低、不受天气限制、可智能评分和训练过程回放等特点，可为实际飞行降低事故率，降低学习成本，具有广泛的应用前景。

任务学习

知识点 1：常用的模拟飞行软件

模拟飞行软件有很多种，不同的软件对应着不同的遥控器。模拟训练可以分为基础模拟训练、提升模拟训练、应用模拟训练、特技模拟训练。针对不同阶段的训练可以对应不同的模拟飞行系统。

基础模拟训练可以使用凤凰模拟器（PhoenixRC）搭配 SM600 遥控器进行飞行初步体验，可以对多旋翼无人机、固定翼无人机在无风情况下进行起飞、悬停、水平飞行、降落等学习，如图 2–11 所示。

图 2–11 基础模拟训练

提升模拟训练可以使用 Real Flight 搭配解码器和遥控器进行更符合真实环境的模拟飞行训练，可以尝试在有风环境下进行矩形航线飞行，水平 360° 悬停，水平匀速 8 字航线训练，如图 2-12 所示。

图 2-12　提升模拟训练

应用模拟训练可以使用 DJI Flight Simulator 搭配大疆的遥控器进行航拍飞行训练，可以模拟大疆多款无人机航拍应用，通过应用模拟训练可以快速提升飞行技能。这款模拟飞行系统对多种场景进行了仿真，细节十分生动，可以模拟出低效反向和撞击等情况，但对计算机配置要求较高，如图 2-13 所示。

图 2-13　应用模拟训练

特技训练模拟器已经有很多种类，可以根据不同机型来选择模拟飞行软件，穿越机模拟器飞行软件有 Liftoff、Velocidrone、Freerider、DRL 等，都可以对穿越机飞行进行很好的训练。固定翼特技飞行、直升机特技飞行可以通过 Reflex XTR、PhoenixRC、RealFlight Generation 等软件进行训练，如图 2-14 所示。

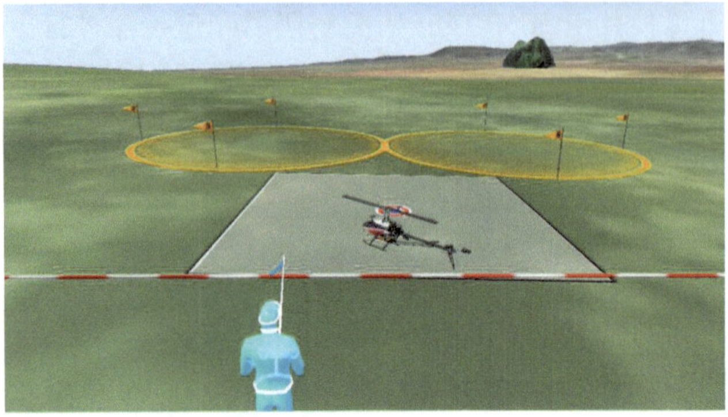

图 2-14 特技模拟训练

知识点 2：凤凰模拟器软件的安装步骤

凤凰模拟器（PhoenixRC）是目前最为流行的一款航模模拟器，主要有 4.0 版本和 5.0 版本。凤凰模拟器支持的遥控器有天地飞、JR、FUTABA、地平线、华科尔、富斯（FS）、乐迪、KDS（固朗）、蓝宇等，语言有中文简体、中文繁体、英文供选择，安装环境可以是 XP、Windows7、Windows8 和 Vista。凤凰模拟飞行软件界面如图 2-15 所示，主要包括系统设置、选择模型、选择场地、查看信息、飞行记录、训练模式、比赛模式、多人联机和帮助。下面以凤凰 5.0 为例介绍模拟器软件的安装。

PhoenixRC 模拟软件安装步骤

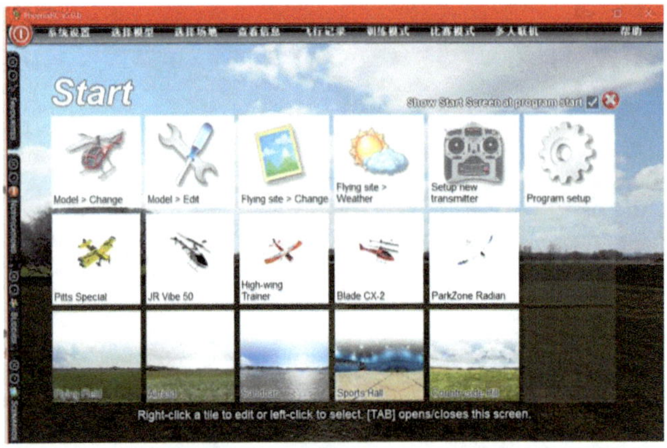

图 2-15 凤凰模拟飞行软件界面

1）打开凤凰 5.0 软件安装包，如图 2-16 所示。

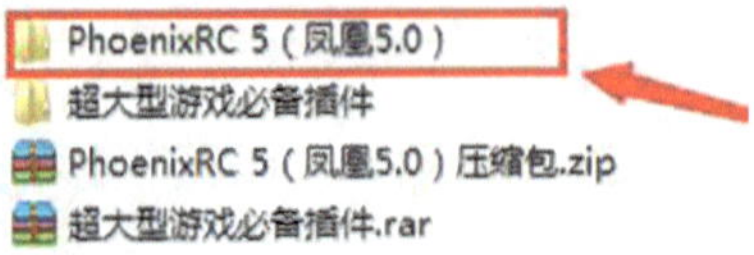

图 2-16 打开凤凰 5.0 软件安装包

2）打开 PhoenixRC 5 文件夹，如图 2-17 所示。

3）单击安装程序，如图 2-18 所示。

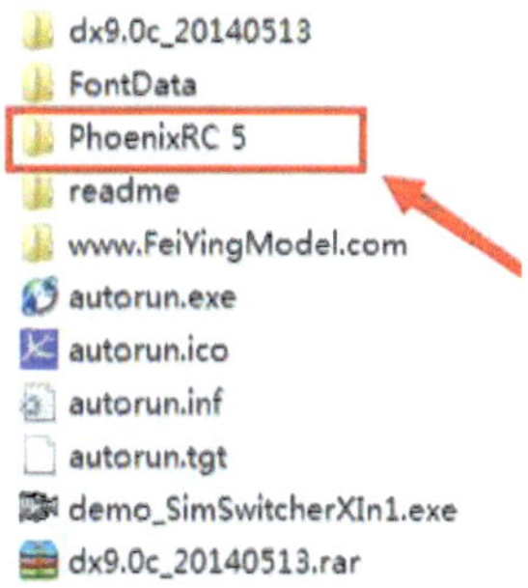

图 2-17　打开 PhoenixRC 5 文件夹

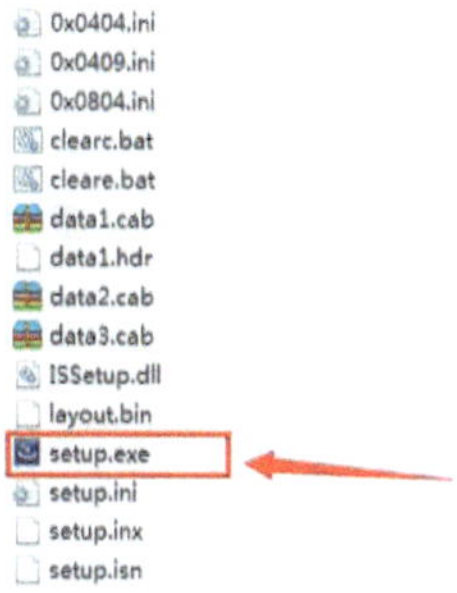

图 2-18　单击安装程序

4）选择安装语言，然后单击“下一步”，如图 2-19 和图 2-20 所示。

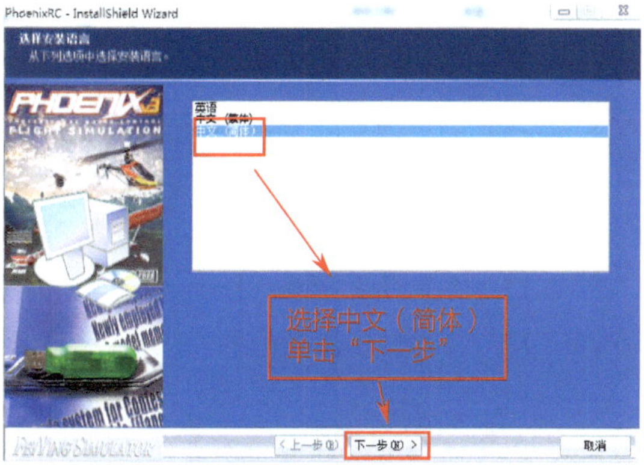

图 2-19　选择安装语言

图 2-20　单击“下一步”

5）选择“我接受许可证协议中的条款（A）”，如图 2-21 所示。

6）输入客户信息并单击“下一步”，如图 2-22 所示。

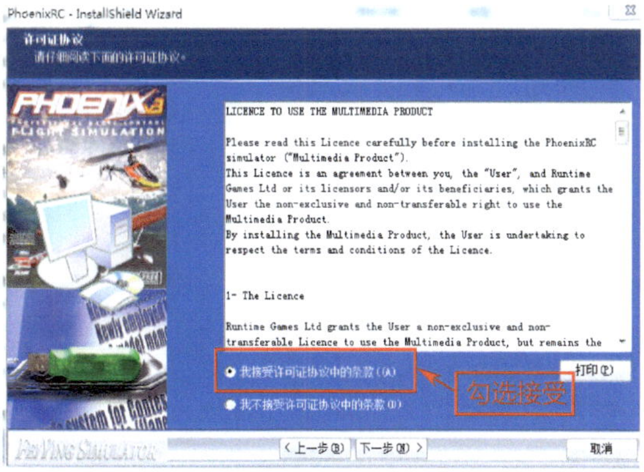

图 2-21　勾选接受

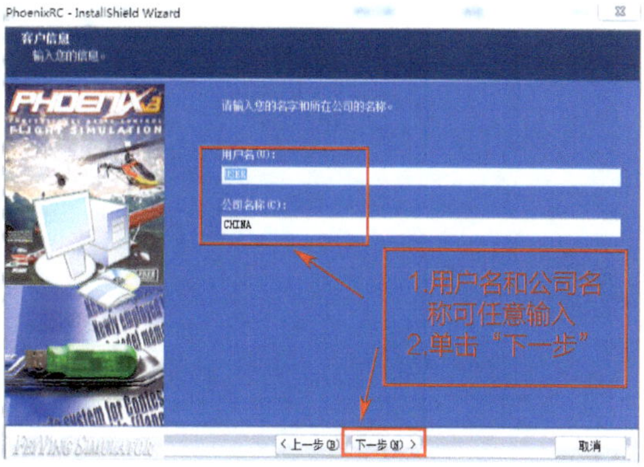

图 2-22　输入客户信息

7）选择安装类型，如图 2-23 所示。

8）单击“安装”，如图 2-24 所示。

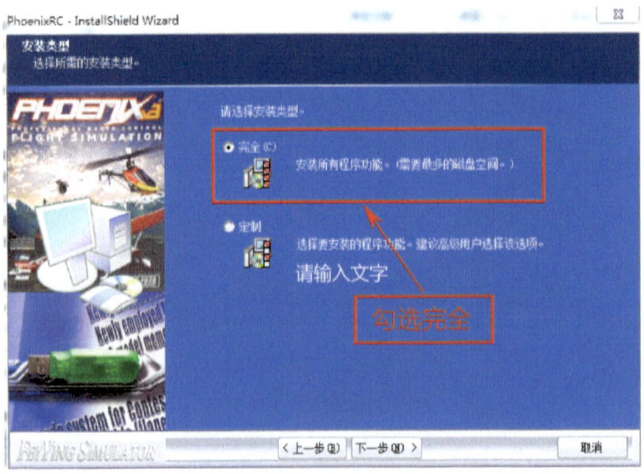

图 2-23　选择安装类型

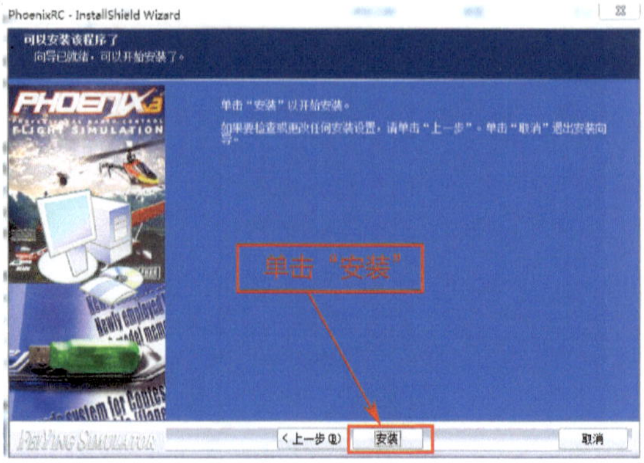

图 2-24　单击“安装”

9）等待安装并完成，如图 2-25 所示。

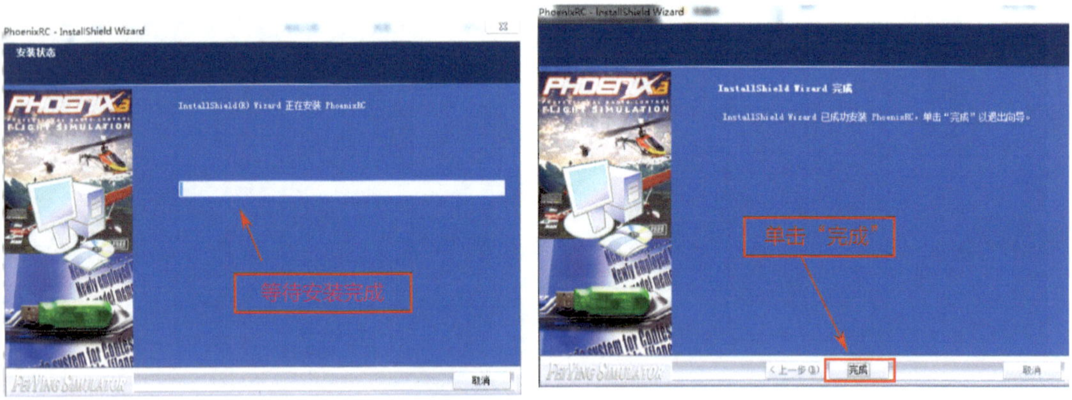

图 2-25　等待安装并完成

10）当提示软件有更新，是否更新时，单击“否”，如图 2-26 所示。

图 2-26　软件更新选择“否”

11）通过加密狗将遥控器与计算机连接，打开桌面上的 PhoenixRC 快捷方式，单击“Start Phoenix R/C”进入模拟器，如图 2-27 所示。

图 2-27　进入模拟器

12）单击“继续”，进入了模拟器主界面，如图 2-15 所示。

知识点 3：凤凰模拟器软件的连接

1. SM600 遥控器的连接

将 SM600 模拟遥控器连接线接到装有飞行模拟软件的计算机端，开关打到“ON”，模式选择凤凰模式——PhoenixRC，灯亮，在桌面显示连接成功，如图 2-28 所示。

图 2-28　SM600 遥控器与模拟软件的连接

2. 利用加密狗连接遥控器

1）遥控器不带连接线的情况，可利用加密狗进行连接，将加密狗设置为凤凰模式，如图 2-29 所示。

图 2-29　加密狗设置为凤凰模式

2）遥控器后面有接口，使用适配线连接 USB 加密狗，整体连接好如图 2-30 所示。

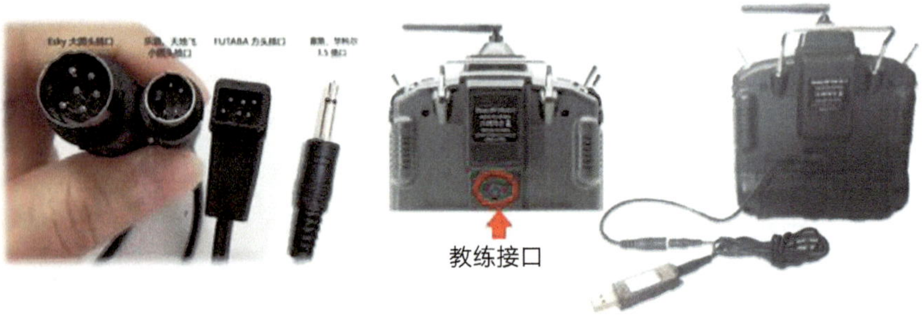

图 2-30　利用加密狗连接遥控器与飞行模拟软件

3）然后将 USB 加密狗连接到计算机的任意 USB 接口，看到加密狗上的指示灯快速闪烁（首次使用时，同时可能提示正在自动安装驱动），当指示灯由快闪变成常亮时，说明识别成功，如图 2-31 所示。

图 2-31　加密狗指示灯快速闪烁

知识点 4：凤凰模拟器软件的调试

1. 选择飞行模型

1）打开模拟器，进入模拟器主界面，如图 2-15 所示。

2）单击菜单栏“选择模型”，选择下拉子菜单栏“更换模型”，进入模型库界面，如图 2-32 所示。

图 2-32　模型库界面

3）选择 Multi-rotors 系列下的 DJI Phantom 模型。单击“完成”，飞机模型就选好了，如图 2-33 所示。

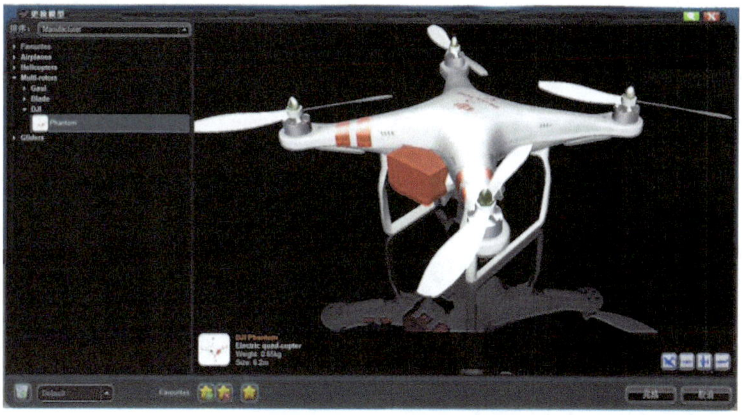

图 2-33　模型选择

2. 遥控器的校准

1）首先单击菜单栏“系统设置”，选择下拉子菜单栏“设置新遥控器”，弹出遥控器配置界面，如图 2-34 所示。

2）依次单击“下一步”按钮，直到进入遥控器校准页面，将所有摇杆回中，如图 2-35 所示。

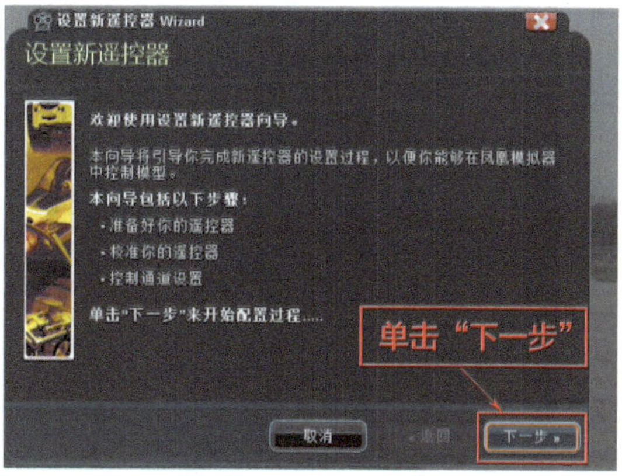

图 2-34　遥控器配置界面

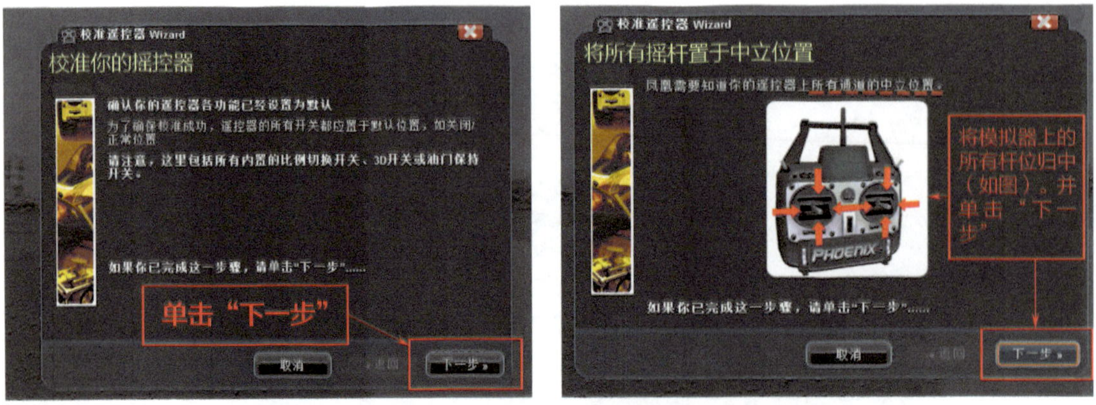

图 2-35　单击“下一步”按钮，进入遥控器校准界面（1）

3）依次单击“下一步”按钮，持续进入遥控器校准页面，如图 2-36 所示。

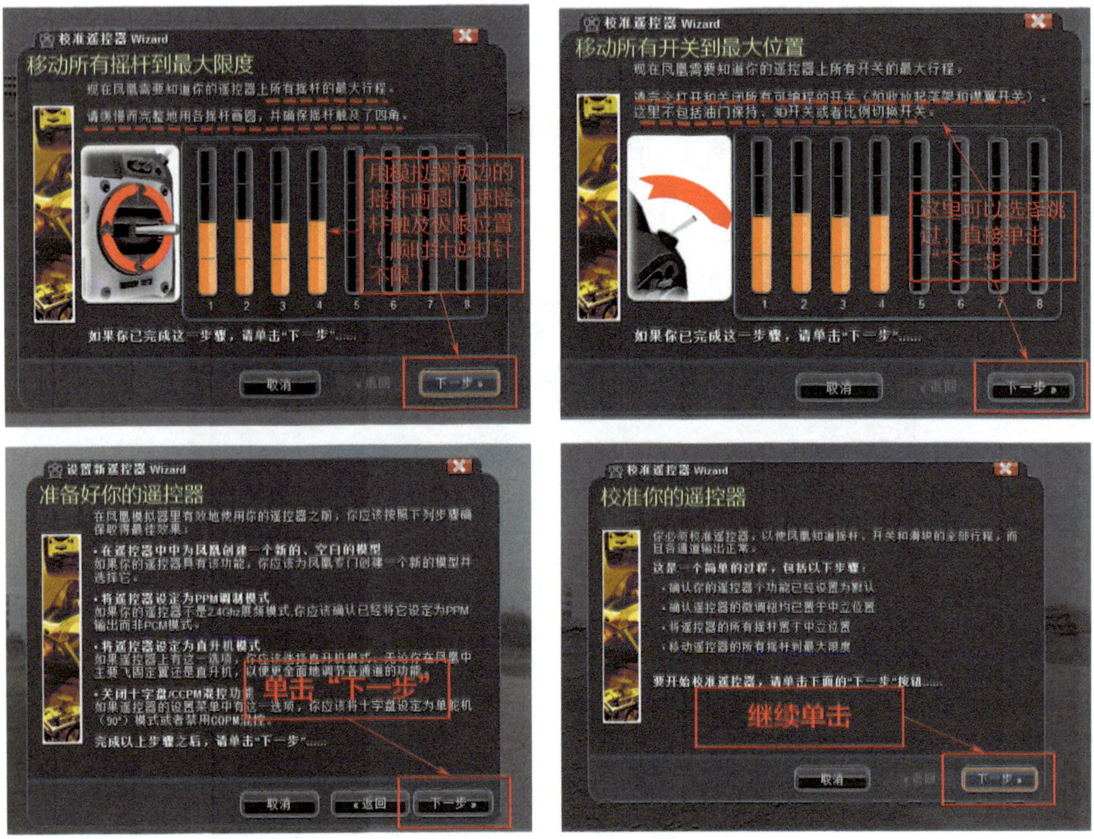

图 2-36　单击“下一步”按钮，进入遥控器校准界面（2）

4）检查校准效果，如图 2-37 所示。

5）持续单击“下一步”，在创建新的配置文件时，可对遥控器进行重命名。可以修改 New Profile Copy 11 来改变配置文件的名字，也可以通过这个修改对应自己手上

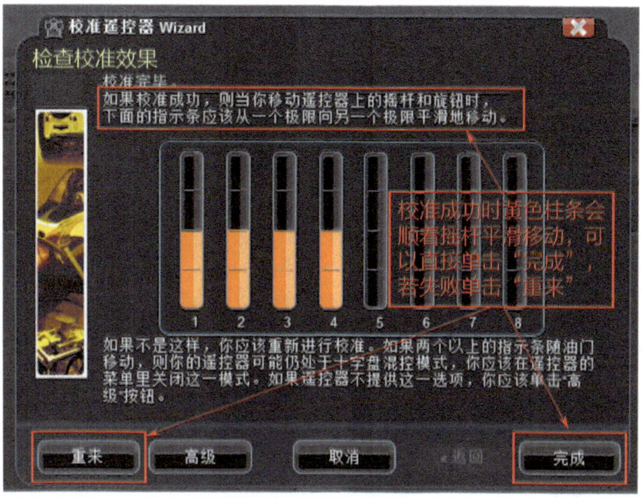

图 2-37　检查校准效果

的不同遥控器。其中的设置类型选择“快速设置”，等熟练使用此软件后再尝试使用“高级设置”。如图 2-38 所示。

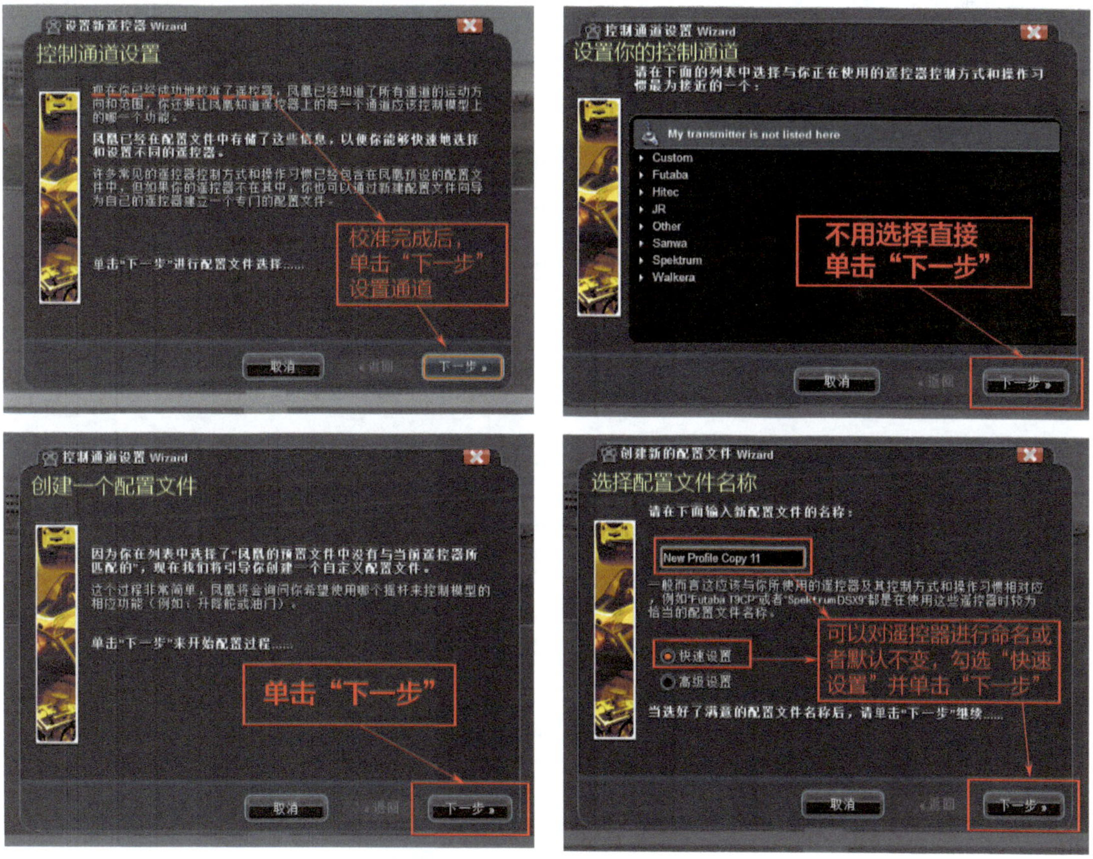

图 2-38　创建新的配置文件（1）

6）在选择配置文件名称界面中，选择“快速设置”，继续单击“下一步”，进行配置，如图 2-39 所示。

7）单击“完成”，遥控器的校准就完成了，如图 2-40 所示。

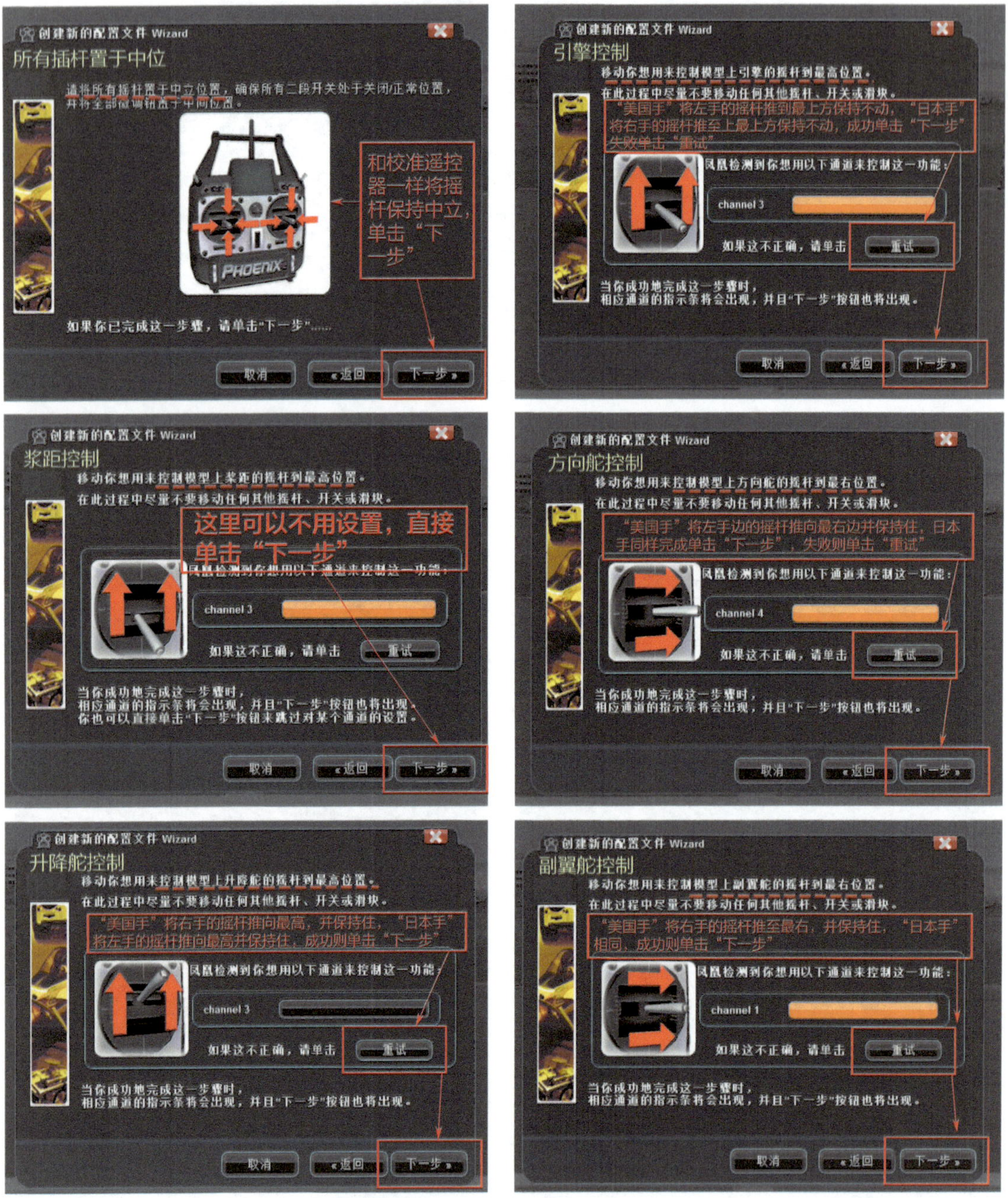

图 2-39 创建新的配置文件（2）

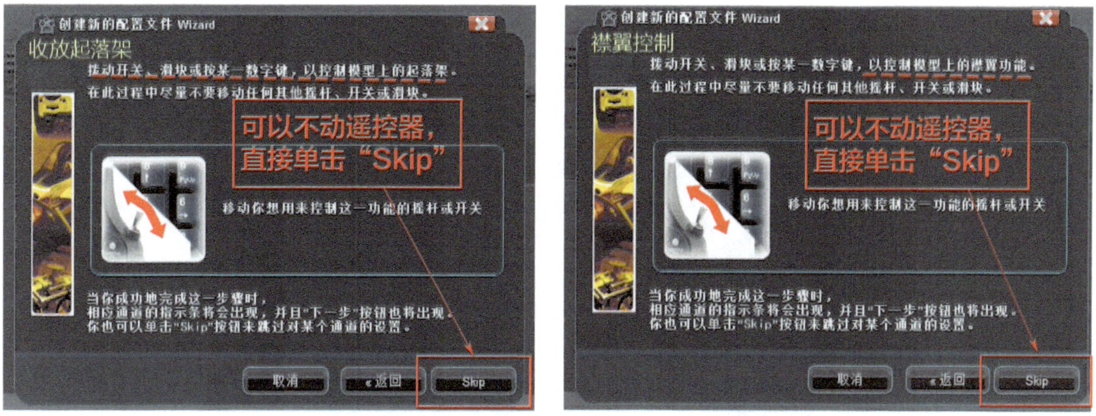

图 2-39　创建新的配置文件（2）（续）

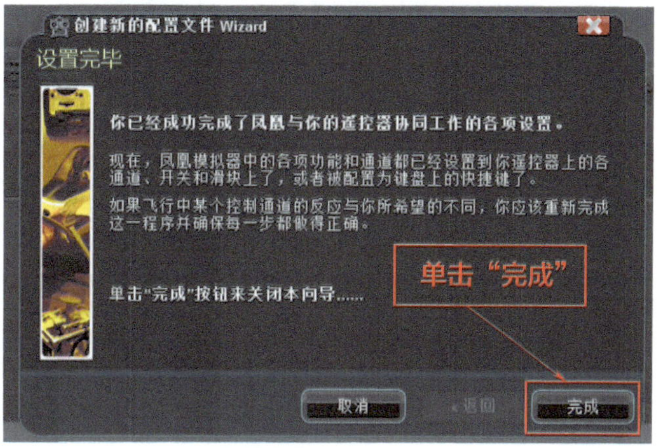

图 2-40　校准完成

知识点 5：检查遥控器的设置

1）单击菜单栏的“系统设置”→“控制通道设置”，进行遥控通道设置，如图 2-41 所示。

2）单击“编辑配置文件”，如图 2-42 所示。

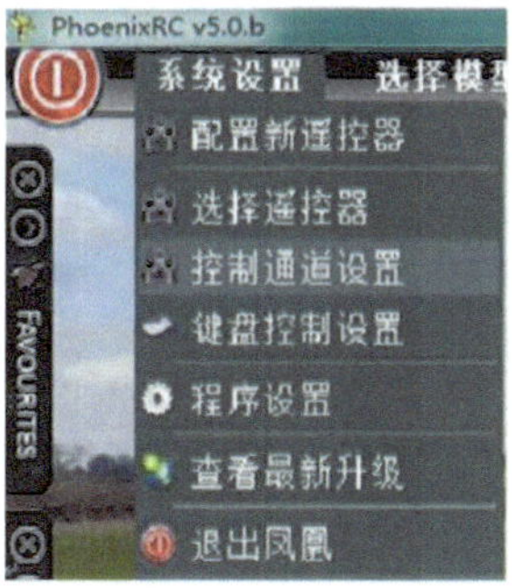

图 2-41　遥控通道设置

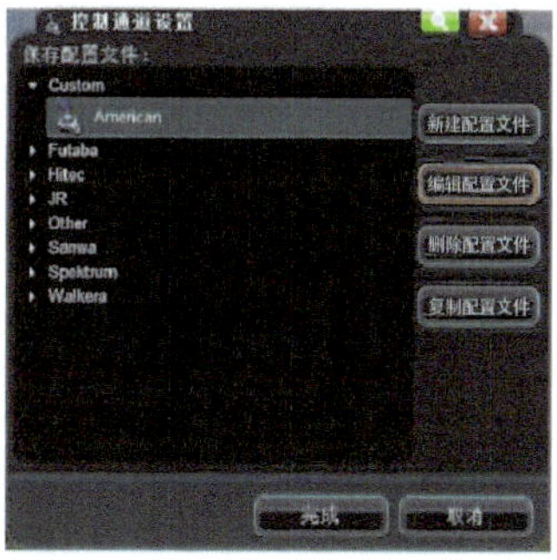

图 2-42　单击“编辑配置文件”

3）检查所有设置是否和图 2-43 一致。

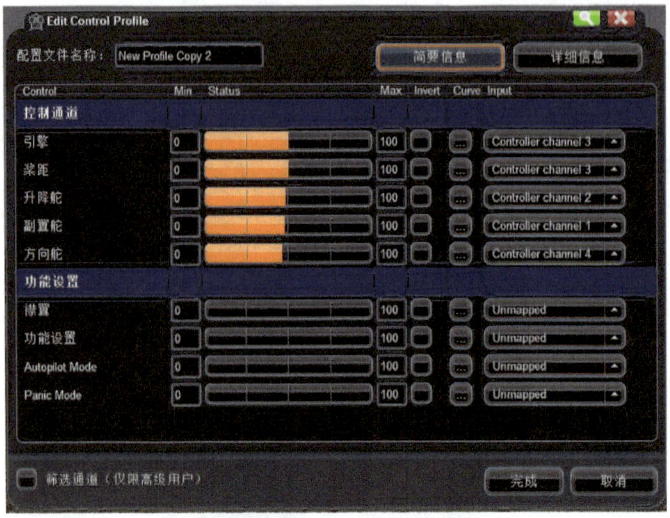

图 2-43　检查所有设置

4）如果设置不同，可以按照如图 2-44 所示进行修改。依据：1 副翼，2 升降，3 油门（发动机和桨距一样），4 方向；图中数字 100 右边的方框选择可以决定通道的正反。

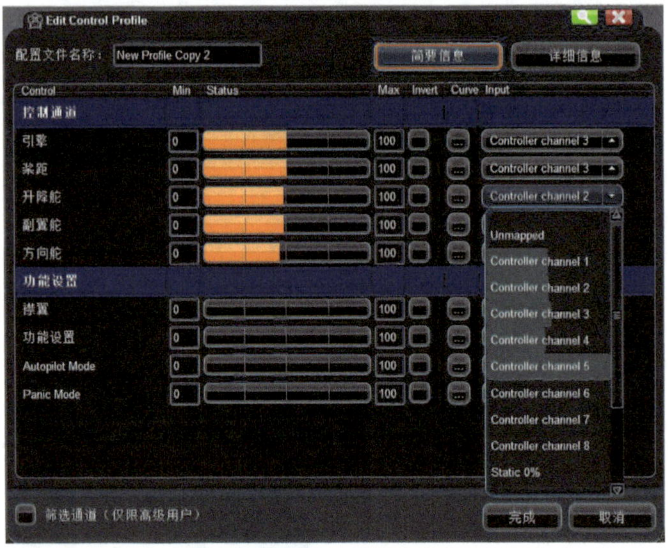

图 2-44　修改设置

知识点 6：模拟器的使用

1. 选择飞行场地

单击菜单栏“选择场地”，在下拉选项中选择“更换场地”，进入场地库中，选择

2D 场地中的 Aero-club Oldesloe 作为悬停训练和 F3C 方框训练的场地，如图 2-45 所示；同时在下拉栏里可进行“场地天气”“场地布局”等设置，此处不再赘述。

图 2-45 选择飞行场地

2. 设置飞行难易程度

1）单击菜单栏“选择模型”，在下拉选项中选择“编辑模型”，弹出编辑模型属性页面，如图 2-46 所示。

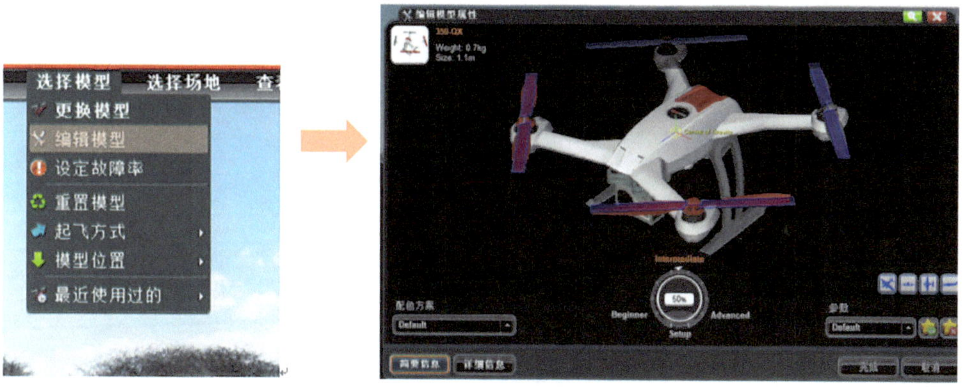

图 2-46 编辑模型属性页面

2）在模型下方有一个飞机操控灵敏度的设置表，如图 2-47 所示，将光标放在表上转动，模型会相对应的改变操控难易程度，建议初学者设置为 50% 就可以了。

3. 查看各仪表显示

若查看信息可单击“屏幕显示”，在子菜单栏中可看到遥控器、速度表等仪表，选定这些仪表，就可以在主界面看到对应的仪表信息。如选遥控器和速度表，模拟速度表和遥控器的图标就出现在了主界面上，如图 2-48 所示。进行多旋翼飞行基础训练时，设置模拟速度表的值为 100%，高阶训练时设置为 125%。

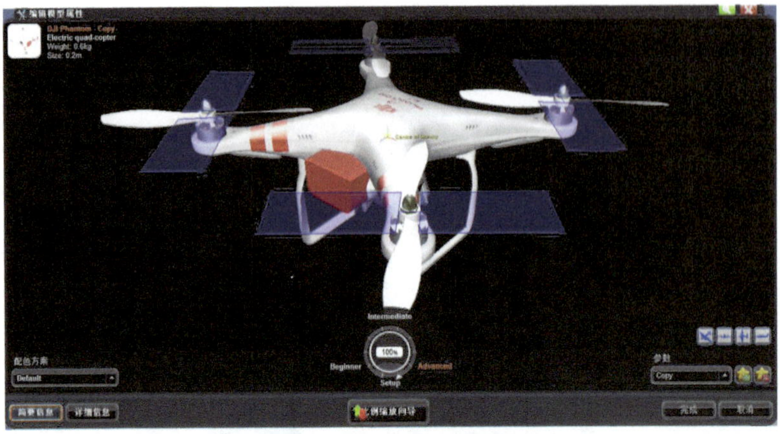

图 2-47　飞机操控灵敏度设置表

DJI Flight Simulator 模拟软件安装步骤

图 2-48　查看各仪表显示

任务核验

1. 完成模拟飞行软件的安装及与遥控器的连接。

2. 熟悉模拟飞行软件的使用。

任务 3　无人机基础模拟飞行训练

任务目标

1. 能熟练掌握多旋翼无人机起飞降落训练内容。
2. 能熟练掌握多旋翼无人机四面悬停训练内容。

任务描述

近年来，多旋翼无人机以其独特的飞行方式、优异的结构布局和广阔的应用前景，受到了人们越来越多的关注，成为如今无人机领域研究的热点。同时，因多旋翼无人机具有定点悬停、原地回转、垂直起降等优点，也广泛地应用于军民各个领域，如城市管理、农业、地质、气象、电力、抢险救灾、视频拍摄等行业。多旋翼无人机驾驶员的需求量与日俱增。本书将重点介绍多旋翼无人机的操控技术。

本任务主要介绍多旋翼无人机起降悬停训练、四边航线训练等内容，为后续进阶学习夯实基础。

任务学习

知识点 1：多旋翼无人机起飞降落模拟训练

多旋翼无人机起降模拟训练场景

1. 起飞

1）缓慢增加油门，螺旋桨慢慢转动。

2）当油门杆到达油门量程中间位置时，果断推油门杆使多旋翼无人机安全起飞。

注意事项：在起飞时要注意增加油门的速度不宜过快，在升力到达临界点时，果断推油门杆，注意不要使油门增加太多，能够正常起飞即可。

2. 降落

1）缓慢减小油门，使多旋翼无人机下降。

2）在无人机距离地面 30cm 处，停止下降动作，使多旋翼无人机稳定姿态。

3）继续减小油门使多旋翼无人机安全降落。

注意事项：在降落时要注意减小油门的速度不宜过快，否则会导致多旋翼无人机快速下降，即将到达地面时要减小多旋翼无人机下降的冲击力，以免多旋翼无人机损坏。

知识点 2：多旋翼无人机四面悬停模拟训练

多旋翼无人机四面悬停模拟训练场景

1. 对尾悬停

1）操控多旋翼无人机对尾起飞，使多旋翼无人机悬停在一处位置，不得发生移动。

2）当多旋翼无人机向左移动时，应压右副翼使无人机回到原点；当无人机向右运动时，应压左副翼使无人机回到原点。

3）当多旋翼无人机向前移动时，应向后拉升降杆使无人机回到原点；当无人机向后运动，应向前推升降杆使无人机回到原点。

4）当多旋翼无人机向左偏航时，应右打方向舵使无人机回到原点；当无人机向右偏航时，左打方向舵使无人机回到原点。

5）当多旋翼无人机下降时，应增加油门使无人机回到原高度；当无人机上升时，减小油门使无人机回到原高度。

多旋翼无人机对尾悬停示意图如图 2-49 所示。

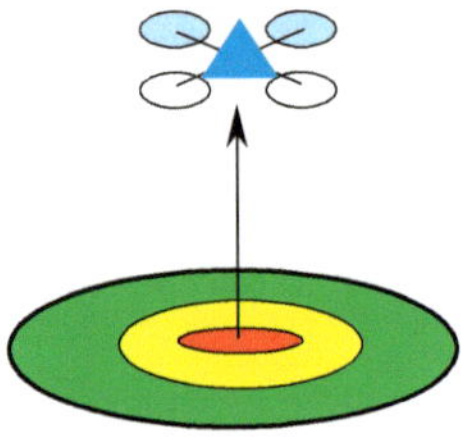

图 2-49 多旋翼无人机对尾悬停示意图

注意事项：当多旋翼无人机对尾悬停受到扰动时，应快速正确判断并修正方向，注意把握修正力度，不要错舵。

2. 左侧悬停

1）操控多旋翼无人机对尾起飞，使多旋翼无人机悬停在一处位置。

2）向左打方向舵，使无人机左侧面正对屏幕，调整完成后，多旋翼无人机应悬停在一处位置，不得发生移动。

3）当多旋翼无人机向左移动时，应后拉升降杆使无人机回到原点；当无人机向右运动，应压前推升降杆使无人机回到原点。

4）当多旋翼无人机远离时，应左压副翼使无人机回到原点；当无人机靠近时，应右压副翼使无人机回到原点。

5）当多旋翼无人机向左偏航时，应右打方向舵使无人机回到原点；当无人机向右偏航时，应左打方向舵使无人机回到原点。

6）当多旋翼无人机下降时，应增加油门使无人机回到原高度；当无人机上升时，应减小油门使无人机回到原高度。

多旋翼无人机左侧悬停示意图如图 2-50 所示。

注意事项：在调整多旋翼无人机左侧悬停时，应注意无人机不得发生过大偏移，不能使无人机存在过大姿态角。当多旋翼无人机左侧悬停受到扰动时，应快速正确判断并修正方向，注意把握修正力度，不要错舵。

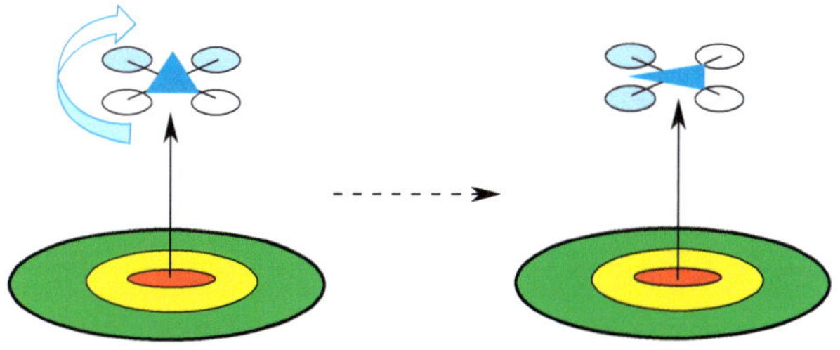

图 2-50　多旋翼无人机左侧悬停示意图

3. 右侧悬停

1）操纵多旋翼无人机对尾起飞，使多旋翼无人机悬停在一处位置。

2）向右打方向舵，使无人机右侧面正对屏幕，调整完成后，多旋翼无人机应悬停在一处位置，不得发生移动。

3）当多旋翼无人机向左移动时，应前推升降杆使无人机回到原点；当无人机向右运动，应后拉升降杆使无人机回到原点。

4）当多旋翼无人机远离时，应右压副翼使无人机回到原点；当无人机靠近时，应左压副翼使无人机回到原点。

5）当多旋翼无人机向左偏航时，应右打方向舵使无人机回到原点；当无人机向右偏航时，应左打方向舵使无人机回到原点。

6）当多旋翼无人机下降时，应增加油门使无人机回到原高度；当无人机上升时，应减小油门使无人机回到原高度。

多旋翼无人机右侧悬停示意图如图 2-51 所示。

注意事项：在调整多旋翼无人机右侧悬停时，应注意无人机不得发生过大偏移，不能使无人机存在过大姿态角。当多旋翼无人机右侧悬停受到扰动时，应快速正确判断并修正方向，注意把握修正力度，不要错舵。

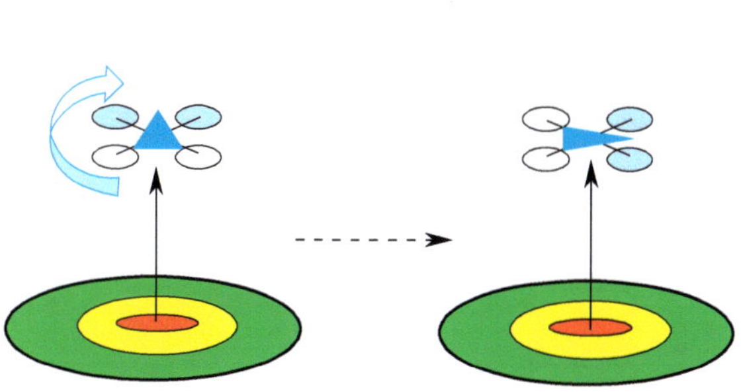

图 2-51　多旋翼无人机右侧悬停示意图

4. 对头悬停

1）操纵多旋翼无人机对尾起飞，使多旋翼无人机悬停在一处位置。

2）向右打或左打方向舵，无人机偏转 180°，使无人机头部正对屏幕，调整完成后，多旋翼无人机应悬停在一处位置，不得发生移动。

3）当多旋翼无人机向左移动时，应左压副翼使无人机回到原点；当无人机向右运动，应右压副翼使无人机回到原点。

4）当多旋翼无人机远离时，应前推升降杆使无人机回到原点；当无人机靠近时，应后拉升降杆使无人机回到原点。

5）当多旋翼无人机向左偏航时，应左打方向舵使无人机回到原点；当无人机向右偏航时，应右打方向舵使无人机回到原点。

6）当多旋翼无人机下降时，应增加油门使无人机回到原高度；当无人机上升时，应减小油门使无人机回到原高度。

多旋翼无人机对头悬停示意图如图 2-52 所示。

注意事项：在调整多旋翼无人机对头悬停时，应注意无人机不得发生过大偏移，不能使无人机存在过大姿态角，并且高度不得发生过大落差。当多旋翼无人机对头悬停受到扰动时，应快速正确判断并修正方向，注意把握修正力度，不要错舵。

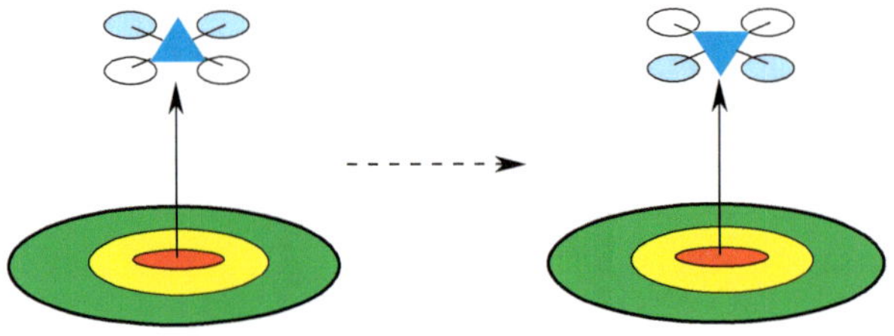

图 2-52　多旋翼无人机对头悬停示意图

任务核验

1. 完成工作页“实训任务 1　多旋翼无人机起降模拟训练”的内容。

2. 完成工作页“实训任务 2　多旋翼无人机四面悬停模拟训练”的内容。

任务 4　无人机提高模拟飞行训练

任务目标

1. 熟练掌握多旋翼无人机自旋 360° 模拟训练内容。
2. 熟练掌握多旋翼无人机矩形航线模拟训练内容。
3. 熟练掌握多旋翼无人机匀速水平 8 字航线模拟训练内容。

任务描述

在掌握了无人机起降悬停操控技能后，学习航线飞行是无人机作业的基础，也是无人机执照、1+X 证书、职业资格证书考取的必备技能。本任务主要介绍多旋翼无人机自旋 360°、矩形航线、匀速水平 8 字航线模拟操控技能。

任务学习

知识点 1：多旋翼无人机自旋 360° 模拟训练

1）操纵多旋翼无人机对尾起飞，起飞后保持一个高度悬停，并处在地标红色区域的上方。

2）无人机姿态稳定后，匀速向左或向右拨动方向舵，使无人机匀速旋转，在旋转过程中，如无人机发生偏转应及时判断并修正飞行姿态，使无人机始终保持在地标红色区域的上方。

3）旋转 360° 后使无人机悬停片刻，然后安全降落即可，如图 2-53 所示。

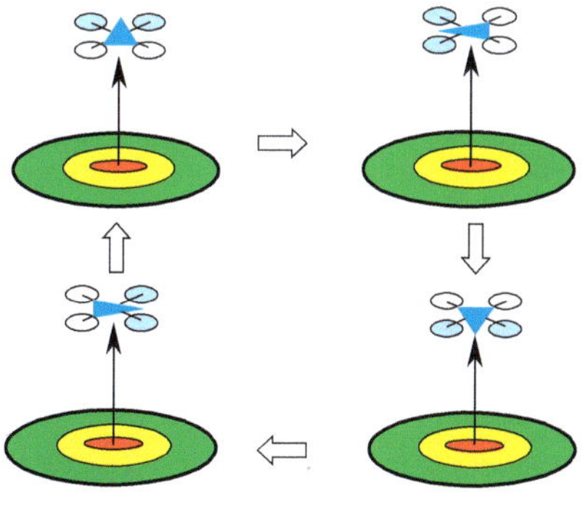

图 2-53　多旋翼无人机自旋 360° 示意图

多旋翼无人机自旋 360°模拟训练场景

注意事项：在多旋翼无人机偏航时，偏航速度应保持匀速，不宜过快或过慢，要始终使无人机处在地标红色区域的正上方，不得出现过大偏移现象，并且要保证无人机持续偏航，不能出现偏航停止现象。

知识点 2：多旋翼无人机矩形航线模拟训练

多旋翼无人机矩形航线模拟飞行示意图如图 2-54 所示。

1）多旋翼无人机起飞后飞向 1 号点机头朝向前方，保持匀速直线飞行。

2）注意无人机始终与线条保持平行到达第 2 点后旋转 90°，机头始终朝着前进的方向。

3）重复前面的步骤直至飞完一圈，降落至起飞点。

注意事项：多旋翼无人机飞行时应始终飞行在线条的正上方，高度保持一致，速度保持匀速，不得出现过大偏移。在到达点位转向时应注意偏航速度保持匀速。

多旋翼无人机矩形航线模拟训练场景

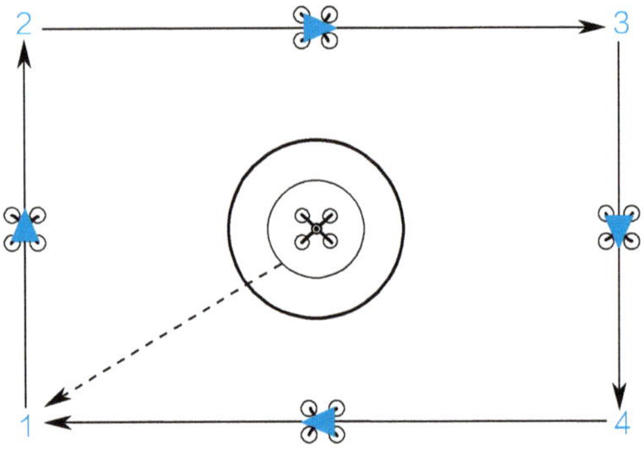

图 2-54 多旋翼无人机矩形航线模拟飞行示意图

知识点 3：多旋翼无人机匀速水平 8 字航线模拟训练

多旋翼无人机匀速水平 8 字航线模拟飞行示意图如图 2-55 所示。

1）在模拟器中调出对应的训练场地。根据自己情况选择先左圈或先右圈，这里选择以先左圈后右圈为例。

2）从 1 点对尾起飞，稳定飞行姿态后，前推升降杆并左打方向舵飞向 2 点，在此期间保持高度一致；到达 2 点无人机应处于左侧悬停姿态，继续前推升降杆并左打方向舵飞向 3 点，到达第 3 点无人机应处于对头悬停姿态；继续前推升降杆并左打方向舵飞向 4 点，到达第 4 点无人机处于右侧悬停姿态；继续前推升降杆并左打方向舵飞向 1 点，到达 1 点无人机处于对尾悬停姿态。

3）继续前推升降杆并右打方向舵飞向 5 点，到达 5 点无人机处于右侧悬停姿态；

继续前推升降杆并右打方向舵飞向 6 点，到达 6 点无人机处于对头悬停姿态；继续前推升降杆并右打方向舵飞向 7 点，到达 7 点无人机处于左侧悬停姿态；继续前推升降杆并右打方向舵飞向 1 点，到达 1 点无人机处于对尾悬停姿态。至此，水平 8 字飞行完成，将无人机安全降落即可。

注意事项：

1）在前进过程中无人机应匀速飞行，高度不变。

2）在匀速水平 8 字飞行中，从一点飞向另一点时应注意飞行轨迹为圆弧航线，不能使飞行轨迹为直角航线。

3）在匀速水平 8 字飞行中，无人机不得停止，要始终保持匀速飞行状态。

4）在匀速水平 8 字飞行中，无人机的飞行轨迹不得大幅度偏移圆弧轨迹，如产生偏移，应立刻使用副翼舵修正。

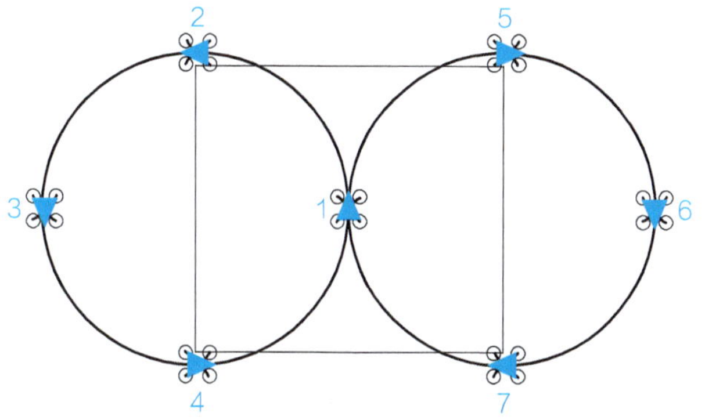

图 2-55　多旋翼无人机匀速水平 8 字航线模拟飞行示意图

多旋翼无人机匀速水平 8 字航线模拟训练场景

任务核验

1. 完成工作页“实训任务 3　多旋翼无人机自旋 360° 模拟训练”的内容。

2. 完成工作页“实训任务 4　多旋翼无人机矩形航线模拟训练”的内容。

3. 完成工作页“实训任务 5　多旋翼无人机匀速水平 8 字航线模拟训练”的内容。

项目 3　无人机视距内操控技术

无人机驾驶员执照有：视距内驾驶员、超视距驾驶员和教员。视距内驾驶员，是指无人机在驾驶员或观测员与无人机保持直接视觉接触的范围内运行，且该范围为目视视距内，半径不大于 500 m，人、机相对高度不大于 120 m。视距内驾驶员能够在视距范围内 GPS 模式下作业，如图 3-1 所示。

图 3-1　视距内飞行

超视距驾驶员是指无人机在目视视距以外的运行。超视距驾驶员有申请作业空域的权利，能够独立作业，能够在作业中承担组长职责，能够使用姿态增稳飞行模式，能够使用地面控制站航线规划飞行模式，能够进行长航时、远距离、高技术的无人机作业项目。超视距飞行训练主要在项目 4 中介绍，即无人机地面站操控部分。

实际上除了视距内驾驶员和超视距驾驶员，无人机驾驶员还有一种，那就是教员。教员是指持有民航局颁发的具有教员等级的无人机驾驶员执照，并依据其教员等级上规定的权利和限制执行教学的人员，这里不做介绍。

无人机视距内飞行是驾驶员需要掌握的基本技能，也是保证飞行安全、处理突发事件的必备能力。本项目主要介绍多旋翼无人机视距内飞行训练内容。

任务 1　无人机飞行训练准备

任务目标

1. 了解气象对飞行的影响及防范措施。
2. 熟悉可作为训练机用的多旋翼无人机的结构及系统。
3. 掌握无人机飞行操作规范。

任务描述

为了在无人机飞行训练中更好地完成训练目标，避免因外部自然环境或者人为因素等影响训练效果，需要知道无人机安全飞行的条件、所用无人机的特性、无人机飞行操作规范等。

任务学习

知识点 1：气象对飞行的影响及防范措施

气象是指发生在天空中的风、云、雨、雪、霜、露、虹、闪电、打雷等一切大气的自然现象。无人机在大气层中飞行，气象因素举足轻重。因此，气象成为限制无人机飞行的主要因素。下面重点介绍风、云、积冰、能见度等气象对无人机飞行的影响。

1. 风

（1）风对飞行的影响　风是一种因气压分布不均匀而产生的空气流动的现象。风会影响无人机的起降性能、飞行稳定性及续航时间。在大风的情况下，无人机为了保持姿态和飞行，会消耗更多的电量，续航时间会缩短。当最大风速大于无人机的最大飞行速度时，无人机将无法正常工作，其飞行稳定性会大幅下降，甚至出现摔机事故。

多旋翼无人机因其自身结构及飞行方式，目前最大抗风等级为七级。但在实际飞行过程中会有阵风、旋风等局部区域性的变化，瞬时风力会超过无人机的风力承受极限值，这也是为什么在选择飞行场地时要空旷无遮挡。

（2）风向的判断　无人机在飞行环境中，风向的改变或风速的增加都将直接影响无人机在空中运行的安全。通常可以在飞行前架设风向袋以便实时观测风向风速。风向袋（见图 3-2）主要由主杆、风绳、风袋组成；风袋橙白相间，可随时收起。风向袋可安装在飞行场地与飞行区域安全距离以外较为空旷无障碍物遮挡区域，固定好主杆保证风向袋无缠绕。布袋的倾角愈小，表示风速愈大，当风向袋吹平时，风速可达6～10m/s。

注意事项：风向袋是顺着风向飘的。所以，风向袋指的方向与风向相反，即风向袋指南时刮的是北风。

图 3–2 风向袋

除了使用风向袋测量具体的风向和风速以外，也可通过周围环境判断出大致的风向和风速，见表 3–1。

表 3–1 风速等级与环境影响对照

风级	名称	风速 /（m/s）	陆上状况
0	无风	0~0.2	静，烟直上
1	软风	0.3~1.5	烟能感知风向，但风向标不能转动
2	轻风	1.6~3.3	人面感觉有风，树叶有微响，风向标能转动
3	微风	3.4~5.4	树叶及微枝摆动不息，旗帜展开
4	和风	5.5~7.9	能吹起地面灰尘和纸张，树的小枝微动
5	清劲风	8.0~10.7	小树枝摇摆，内陆水面有小波
6	强风	10.8~13.8	大树枝摆动，电线呼呼有声，举伞困难
7	疾风	13.9~17.1	全树摇动，迎风步行感觉不便
8	大风	17.2~20.7	微枝折毁，人向前行感觉阻力甚大
9	烈风	20.8~24.4	建筑物有损坏（烟囱顶部及屋顶瓦片移动）
10	狂风	24.5~28.4	陆上少见，可使树木拔起，将建筑物损坏严重

（3）恶劣风防范措施

1）制订应对意外情况的计划，假如空中的风使计划的能源储备发生危机时，切不可再飞向可能耗尽能源的计划着陆点，应及时返航或备降。

2）无人机起飞前要获取标准气象信息，起飞时要获取最新简要气象信息，询问有关风的情况并估算出风对各飞行阶段的影响。

3）无人机起飞后密切关注风的变化，仔细检查飞行区风的预报。

4）无人机着陆时要特别注意进场着陆区的气象情况，特别注意风向风速的变化情况，同时也需关注风切变的报告动态。

2. 云

（1）云对飞行的影响　云是大气中的水蒸气遇冷液化成的小水滴或凝华成的小冰晶等混合组成的飘浮在空中的可见混合体。云的形态有多种，如雨层云、积雨云、层云等，如图 3-3 所示。

雨层云　积雨云　层云

图 3-3　云的形态

1）雨层云多出现在暖锋和静止锋云系中，常常伴随持续性降雨。云层厚而均匀，呈暗灰色，严重影响视线。

2）积雨云往往伴随有冰雹、闪电、大风、暴雨等天气，这给飞行在积雨云内或附近的无人机的安全造成了很大威胁。

3）层云云底很低，在沿海地区，云底常会低于决断高度（机轮高于跑道平面的高度），造成无人机在降落时，无法正常通过摄像头观察跑道，从而造成无人机复飞。

（2）云的防范措施　可通过目视法和雷达扫描法提前识别并避开。

3. 积冰

（1）积冰对飞行的影响　积冰是指各种降水或雾滴与地面或空中冷却物体碰撞后冻结在其表面的现象。积冰根据特征可分为明冰、雾凇、毛冰和霜四种，如图 3-4 所示。

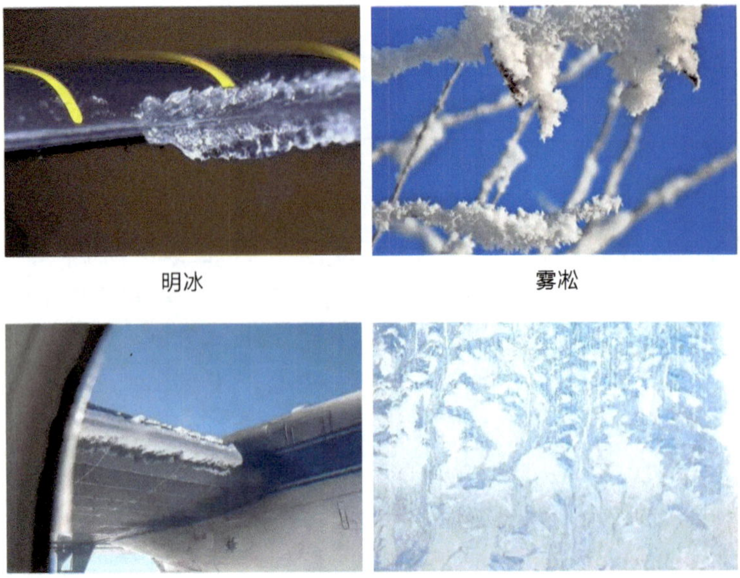

明冰　雾凇　毛冰　霜

图 3-4　积冰的形态

1）积冰使无人机升力面积减小。

2）如果无人机起落架装置积冰，可能在收放轮时损坏起落架装置。

3）如果无人机动、静压孔积冰，会使速度表、高度表等一些重要驾驶仪表失效或者失真。

4）如果发动机进气道口积冰，会阻滞气流的流动。

5）无人机摄像镜头积冰会严重影响驾驶员视线。

6）无人机天线积冰会影响通信，甚至中断联络。

（2）积冰的防范措施　首先要做好地面预防，提倡无污染起飞；其次要保持空中无线电畅通，熟练使用机载气象设备。

4. 能见度

（1）能见度对飞行的影响　能见度是指视力正常的人在当时天气条件下，能够从天空背景中看到和辨出目标物的最大水平距离。常见的对能见度造成影响的因素主要有雾、烟、风沙、浮尘、霾和降水，如图 3-5 所示。

沙尘暴　雾霾

图 3-5　沙尘暴和雾霾

无人机在视距内飞行时，飞行环境的能见度会对飞行训练产生重大影响。在户外飞行作业时，测量大气能见度一般可以直接目测，也可以使用大气透射仪、激光能见度自动测量仪等测量设备。但在飞行训练时，判读无人机是否能够进行起飞训练，多用目测进行推断，可根据表 3-2 进行能见度的判定。

表 3-2　能见度判定表

序号	能见度	影响
1	20~30km	能见度极好，视野清晰
2	15~25km	能见度好，视野较清晰
3	10~20km	能见度一般
4	5~15km	能见度较差，视野不清晰
5	1~10km	轻雾，能见度差，视野不清晰
6	0.3~1km	大雾，能见度很差
7	< 0.3km	重雾，能见度极差
8	< 0.1km	浓雾，能见度极差
9	< 100m	能见度为零

（2）能见度的防范措施

1）预防及处置大雾天气的办法：预先了解及盲降。

2）预防及处置烟幕的办法：提前避免或盲降。

3）预防及处置沙尘的办法：安装防沙装置。

4）预防及处置降水的办法：航线上有降水就需要改变飞行高度或绕开降水区，在进入降水区前打开无人机的防结冰系统。

知识点 2：无人机飞行训练用机介绍

1. 多旋翼无人机训练机

本书主要介绍多旋翼无人机操控技术，根据视距内飞行训练内容，基础训练可以选用轴距在 350~550mm 的四旋翼机型，如四旋翼无人机 ZT-EM380（见图 3-6）。提升训练可以选用轴距在 850~1000mm 的六旋翼或八旋翼机型，如六旋翼无人机 ZT-EM1000（见图 3-7）。ZT-EM380 可选择富斯 i6X 遥控器，ZT-EM1000 可选择天地飞 ET16S 遥控器（富斯 i6X 遥控器说明书和天地飞 ZT-EM1000 说明书可在 www.cmpedu.com 下载）。

配置参数

对角轴距：380mm

机架材质：碳纤维

尺寸：300mm×300mm×180mm

整机重量：980g

最大起飞重量：1300g

飞行时间：20~25min

电池：3S/4200mAh

电机：2212/KV980

图 3-6 ZT-EM380 及配置参数

配置参数

对角轴距：1000mm

机架材质：碳纤维+尼龙纤维

有效负载：5kg

飞行时间：35min

电池：6S/20000mAh

尺寸：1447mm×1447mm×525mm

最大起飞重量：12kg

图 3-7 ZT-EM1000 及配置参数

（1）基础训练机型　ZT-EM380 是一款专为教学而设计的无人机飞行实训平台。外观设计精美，机身采用高强度碳纤维和航空铝材料，配以 M3 内六角碳钢螺钉，牢固可靠，不易损坏，寿命长。此机型不仅可进行无人机相关教学、零部件调试、故障检测维修、地面控制站调试与设置等学习，还可以用于无人机视距内飞行训练。

（2）提高训练机型　ZT-EM1000 是一款专为飞行培训考证而设计的无人机飞行实训平台。外观设计精美，集成模块化设计，无需二次焊接，安装便捷；整机防尘防水设计，防护等级 IP65，可在雨中正常飞行；机臂采用了分离式快拆件设计，巧妙设计了断点，可减少炸机损坏部件，降低维修成本；整机采用经典的伞形折叠方式，最大化降低折叠后的尺寸，便于收纳存放；快拆电池导轨，使电池安装和更换更加方便快捷。机身采用高强度碳纤维和航空铝材料，是无人机飞行实训的首选产品。

2. 遥控器的对频

这里以富斯遥控器为例介绍遥控器与接收机之间的对频。

（1）上行链路　主要指遥控器和无人机上接收机之间形成的上传单向链路，即遥控器发出指令，无人机接收指令，用于视距内控制飞机，如图 3-8 所示。

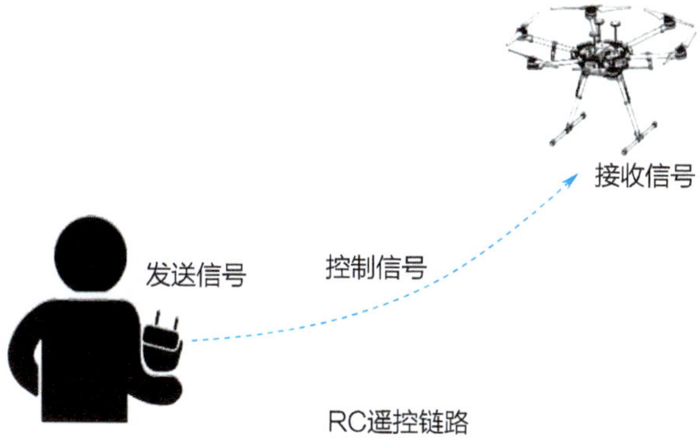

图 3-8　上行链路示意图

（2）富斯遥控器和接收机的各部分功能　富斯遥控器如图 3-9 所示，部分部件功能介绍如下；接收机如图 3-10 所示，部分部件功能介绍如下文。

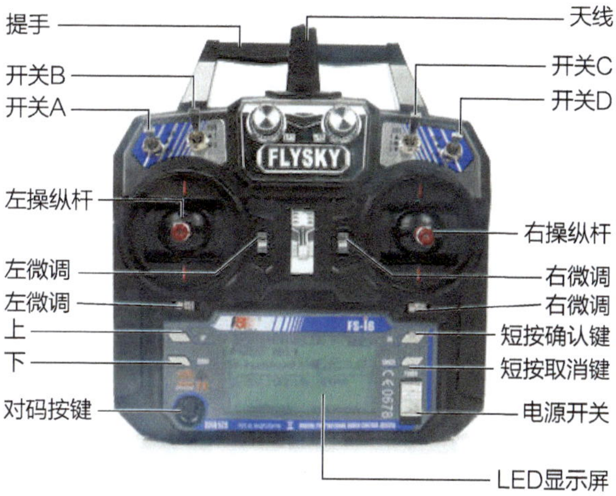

图 3-9　富斯遥控器各部分功能

1）左右操纵杆。控制副翼、升降、油门和方向以及辅助通道，也就是控制多旋翼无人机的升降运动、前后运动、侧向运动、偏航运动这些基本动作。

2）开关 A~D。控制辅助通道或控制定时器，开关分别用 SWA、SWB、SWC、SWD 表示。

3）电源开关。打开或关闭遥控器。

4）对码按键。用于遥控器和接收机的对频。

5）左右微调。左右摇杆左微调和右微调。

6）LED 显示屏。LED 显示屏，显示设置参数。

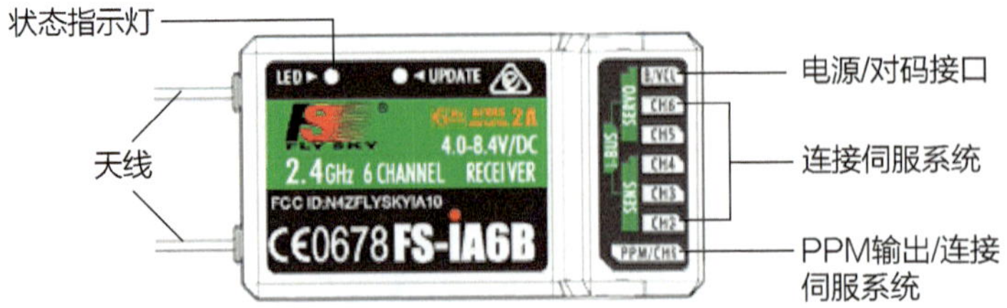

图 3-10　接收机各部分功能

7）状态指示灯。

灭：电源未连接。

红色常亮：已连接电源，并正常工作。

快速闪烁：处于对码状态。

慢闪：配对的接收机未开机或者信号丢失。

8）天线。接收无线电信号。

9）电源 / 对码接口。

PPM/CH1：连接 CH1 通道的舵机或者输出 PPM 信号。

CH2~CH6：可以连接舵机、电源或者其他部件。

B/VCC：对码时用于连接对码线，正常操作时用于连接电源线，供电范围在 4.0~8.4V 之间。

SERVO：用于连接 i-BUS 接收机扩展通道。

SENS：用于连接各传感器。

（3）富斯遥控器与接收机的对频　为准确测试遥控器与接收机的对频情况，需将接收机、电子调速器、无刷电动机、电池等进行接线，如图 3-11 所示。

遥控器与接收机的对频

图 3-11　接收机的接线

对码的具体步骤如下：

1）打开发射机电源，选择设置，进入系统（System），然后选择 [RX bind]。

2）将对码线连接到接收机上的 B/VCC 接口。

3）将电源线连接到接收机任意接口，接收机上的指示灯开始快速闪烁，表示接收机进入对码状态。对码成功后，发射机自动退出对码界面，此时接收机指示灯停止快速闪烁，变为常亮。

4）将对码线和电源从接收机上断开，然后重新将电源线连接到 B/VCC 接口。

5）检查发射机、接收机、模型是否正常工作，如有异常，重复对码步骤。

知识点 3：无人机起飞前检查

为了使无人机在飞行过程中安全、高效、稳定的飞行，通过各个细节的把控，做到各项检查指标参数处于正常值或者正常值以上，方可起飞。这里主要介绍多旋翼无人机的飞行操作规范，多旋翼无人机主要由起落架、电动机、GPS 模块、螺旋桨、云台等组成，如图 3-12 所示。

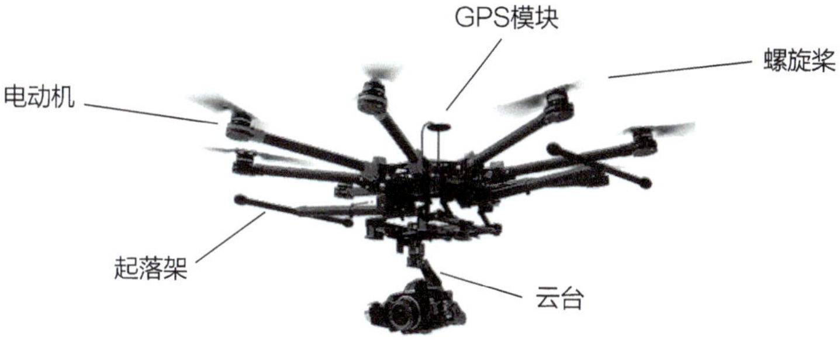

图 3-12　多旋翼无人机结构组成

1. 上电前的检查

飞行前调试流程必须做到位，不得忽略调试流程的任何一个细节。在操作无人机飞行前应对无人机的各个部件做相应的检查，无人机的任何一个小问题都有可能导致在飞行过程中出现事故或损坏，因此在飞行前应该做充足的检查，防止意外发生。

（1）外观机械部分检查

1）上电前应先检查机械部分相关零部件的外观，检查螺旋桨是否完好，表面是否有污渍和裂纹等（如有损坏应更换新螺旋桨，以防止在飞行中飞机振动太大导致意外）；检查螺旋桨旋向是否正确，安装是否紧固，用手转动螺旋桨查看旋转时是否有干涉等。

2）检查电动机安装是否紧固，有无松动等现象（如发现电动机安装不紧固应停止飞行，立即使用相应工具将电动机安装固定好）。用手转动电动机查看电动机旋转时是否有卡涩现象，电动机线圈内部是否干净，电动机轴有无明显的弯曲。

3）检查机架是否牢固，螺钉有无松动现象。

4）检查无人机电池安装是否正确，电池电量是否充足。

5）检查无人机的重心位置是否正确。

（2）电子部分检查

1）检查各插头连接是否紧密，插头与电线焊接部分是否有松动。

2）检查各电线外皮是否完好，有无刮蹭现象。

3）检查电子设备是否安装牢固，应保证电子设备清洁、完整，并做好保护。

4）检查电子罗盘、IMU 指向是否正确。

5）检查电池有无破损、胀气、漏液现象，测量电压是否足够。

6）检查遥控器模式是否正确。

7）电量是否充足。

8）开关是否完好。

9）先开遥控器，再给无人机上电。

2. 上电后的检查

1）电调指示音是否正确。

2）舵机工作是否正常，有无高频抖动。

3）各电子设备有无不正常发热现象。

4）各指示灯是否正常。

3. 预飞行

1）轻微推动油门。

2）观察各个旋翼工作是否正常。

3）举起无人机晃动看无人机能否自稳。

4）进行前后左右飞行、自旋，观察无人机飞行是否正常，检查遥控器舵量是否正确，各工作模式是否正确，云台是否正常工作。

5）进行一个矩形航线飞行，进行几个大机动飞行，观察无人机工作是否正常。

6）无人机降落后检查各电子设备有无不正常发热现象，电池降压是否在允许范围内。

7）校对陀螺仪及 GPS。

8）校对电压。

9）检查遥控器电压。

经过以上一系列检查之后，如果全部正常，无人机驾驶员或学员就可以放心大胆地进行飞行训练及作业了。

知识点 4：无人机飞行中检查

1）驾驶员必须时刻关注无人机的姿态、飞行时间、无人机位置等重要信息。

2）远距离飞行时，通过对讲机要求安全员汇报无人机的实时状态。

3）演示作业如有客户或围观群众，必须要求他们距离无人机 10~15m，不得靠近，如有靠近，无人机不得起飞，保证安全。

4）必须确保无人机有足够的电量能够安全返航。

5）无人机若进行超视距飞行，必须密切监视地面控制站中显示的无人机飞行姿态、高度、速度、电池电压、GPS 卫星数量等重要信息。

6）起飞后，必须一直关注无人机的飞行状态，实时掌握无人机的飞行数据，确保飞行时各项数据指标完好。

7）若无人机发生较大故障，不可避免发生坠机时，要首先确保人员安全。

知识点 5：无人机降落后检查

1）无人机飞行结束降落后，必须确保遥控器已加锁，然后切断无人机电源。

2）飞行完后检查电池电量、无人机外观，检查机载设备。

3）演示作业完成后要整理设备。

知识点 6：电池维护注意事项

1）锂电池长期不使用时，应将电池进行放电处理。

2）锂电池的满电电压不能超过 4.2V，过度的充电有可能导致电池鼓包甚至会有爆炸的危险。

3）锂电池充电时必须注意充电电流不能太大，不应超过电池规定的充电电流。

知识点 7：无人机维护注意事项

1）每隔两周对无人机进行一次大维保。

2）飞行任务完成后，必须立即清理无人机表面以及桨叶表面的残留物和灰尘，防止无人机各金属连接处被农药腐蚀老化，影响飞机的飞行安全。

3）无人机大保养期间，为了保证无人机的飞行质量和飞行安全，必须及时更换无人机易损零件，提高无人机寿命。

知识点 8：特别注意事项

1）调试无人机时，必须确保螺旋桨未安装于电动机上（禁止螺旋桨安装在电动机上进行调试无人机操作，否则有可能发生意外事故）。

2）严禁近身起飞，无人机起飞必须保持距离 5m 以上。

3）严禁地面突然急推油门起飞，避免无人机姿态出错不可控撞向人群。

4）严禁非测试飞手外其他人员擅动遥控器，避免误操作导致意外发生。

5）严禁任何情况下用手接降落无人机。

6）严禁无人机降落后，桨未停转或未自锁拿起无人机，务必保证无人机自锁后再行移动。

任务核验

1. 风对无人机的飞行有哪些影响？如何鉴定飞行环境中的风向及风速？

2. 以一款多旋翼无人机训练机为例，说明无人机飞行前的检查内容。

3. 以一款多旋翼无人机训练机为例，说明无人机飞行中的注意事项。

任务 2　无人机视距内基础飞行训练

任务目标

1. 熟练掌握多旋翼无人机起降训练。
2. 熟练掌握多旋翼无人机定高飞行训练。
3. 熟练掌握多旋翼无人机方向控制训练。
4. 熟练掌握多旋翼无人机四面悬停训练。

任务描述

在掌握了无人机模拟操控技术及飞行操作规则后，就可以进行无人机操控技能的训练了。切记，多旋翼无人机飞行前的检查工作是必不可少的，一定仔细检查机体的每一处结构，确保各环节严格按要求执行。刚刚开始练习室外飞行可能会有些不适应，操作手感和观看无人机的视角会与模拟练习的时候有些不同。因此，室外训练首先需要熟悉外场的飞行视角，无人机位置不是平行视线，而是稍微高于平行视线，同时无人机距离自己的最近距离不能低于 5m。

本任务主要介绍多旋翼无人机视距内基础飞行训练，包括起降训练、定高飞行训练、方向控制训练和四面悬停训练。

任务学习

知识点 1：多旋翼无人机飞行前准备

1. 训练场地

多旋翼无人机基本训练场地需要每架训练机有 $10m^2$ 大小、相互训练尽量隔开，并且远离建筑物和干扰源、较少人群围观的半开放式场地，需设置警戒线和警示标牌，用以警示围观人员。

2. 飞行准备

1）飞行训练前要做好飞行计划报备工作。

2）多旋翼无人机飞行使用设备及工具：已经组装调试完成的多旋翼无人机、遥控器、教练线、符合规格电池、电池保温箱、充电器、测电器。

3）多旋翼无人机飞行维护工具：内六角扳手、尖嘴钳、螺丝胶、固体胶、3M 胶、扎带、应急配件。

4）检查多旋翼无人机的每个部分结构是否完整并且可以正常工作。启动前，检查无人机整体及零件是否工作正常、零件位置是否安装正确，遥控器与飞机是否连接正常、遥控器各项功能是否设置正确，飞控各项参数是否设置正确，以及动力电源和系统电源电量是否充足。

5）启动时注意设备启动顺序，首先开启遥控器以及地面控制站设备，然后给多旋翼无人机上电并执行上电后的检查工作，检查无误后告诫与飞行无关人员保持安全距离，准备起飞。

知识点 2：多旋翼无人机定点起降训练

多旋翼无人机起飞降落训练是要求驾驶员确认飞行环境允许，并且保证所有人员与无人机有一个安全的距离（建议 5m 以上）。驾驶员在飞行训练时尽量保证站在无人机机尾正后方，保证多旋翼无人机机头方向与驾驶员站立方向一致，且在合适的距离进行操控无人机。

1. 定点起降要求

1）多旋翼无人机能够一次性起飞成功。

2）多旋翼无人机能够在空中悬停。

3）多旋翼无人机能够顺利、准确降落在起飞点。

4）多旋翼无人机在起飞、降落过程中摆动幅度不能过大。

2. 定点起降操作步骤

1）在保证无人机一切正常且机头朝向与驾驶员朝向一致时，对无人机进行解锁操作，当听到提示音或者电动机开始转动时，表示解锁成功，并将各摇杆归位。

2）将油门杆从正下方位置缓缓上推，并时刻观察无人机的状态。观察无人机即将离开地面达到临界起飞时的速度。继续缓慢上推油门杆，无人机离开地面，右手稳定无人机各方向姿态，使其进入水平稳定状态。

3）待无人机飞行高度达到与自己视线持平的高度，稍减小油门，使无人机进入悬停状态，起飞训练完成，如图 3-13 所示。

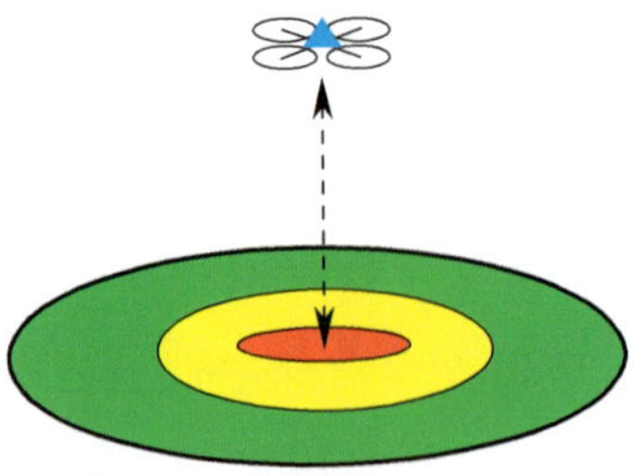

图 3-13 多旋翼无人机起飞训练

4）将无人机飞至降落点正上方后进入悬停状态，缓慢减小油门，使无人机进入缓慢下降状态，停止对油门杆的减小。

5）待多旋翼无人机高度距离地面达到小于半个螺旋桨的大小时，无人机进入地面效应，升力会略微增大，使无人机有上升的趋势。此时需调整无人机航向及位置，并再次矫正无人机待降地点。

6）此时稍减小油门，无人机继续下降直至触地，迅速将油门收至最小位置。待螺旋桨停转后，进行上锁操作，无人机降落完成。

定点起降训练

知识点 3：多旋翼无人机水平定高飞行训练

1. 水平定高飞行训练要求

1）多旋翼无人机能够定高左右飞行。

2）多旋翼无人机能够定高前后飞行。

3）多旋翼无人机能够顺利、准确降落。

4）多旋翼无人机在定高飞行过程中摆动幅度不能过大。

2. 定点起降操作步骤

1）完成起飞操作，无人机位于视线斜上方，距离起降点合适高度即可，保持无人机对尾悬停。

2）操控副翼摇杆，使无人机在一定范围内进行匀速定高左右水平飞行，尝试不同舵量对无人机飞行速度的影响，并实现快速悬停在起降点正上方。

3）操控升降摇杆，使无人机在一定范围内进行匀速定高前后水平飞行，并尝试不同舵量对无人机飞行速度的影响，并实现快速悬停在起降点正上方。

4）将副翼摇杆和升降摇杆相互配合，执行降落操作。

水平定高飞行训练

知识点 4：多旋翼无人机方向控制训练

多旋翼无人机方向控制训练是需要选取起降点为参照物，飞行范围在规定尺寸的圆形区域内进行，如图 3-14 所示。

1. 方向控制训练要求

1）多旋翼无人机能够定高左右飞行。

2）多旋翼无人机能够定高前后飞行。

3）多旋翼无人机能够顺利、准确降落。

4）多旋翼无人机在定高飞行过程中摆动幅度不能过大。

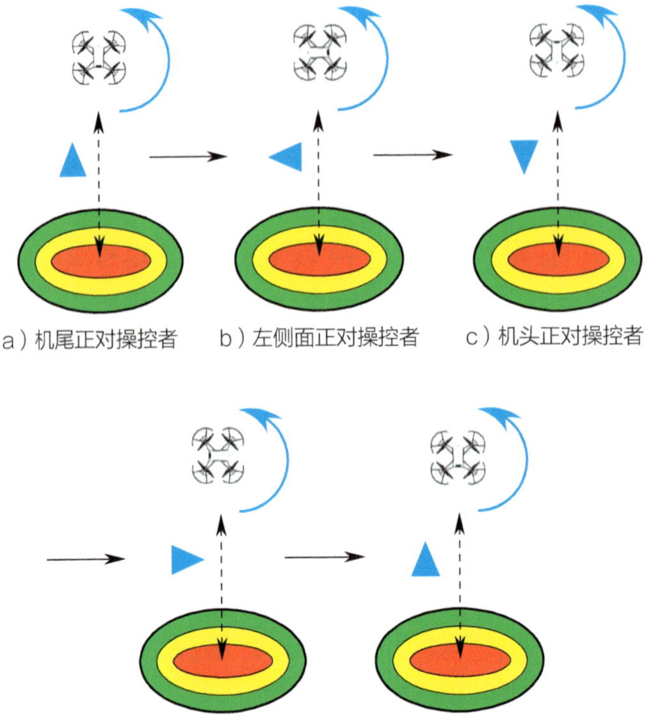

a）机尾正对操控者　b）左侧面正对操控者　c）机头正对操控者

d）右侧面正对操控者　e）机尾正对操控者

图 3-14　多旋翼无人机方向控制训练

2. 方向控制操作步骤

1）完成起飞操作，无人机位于视线斜上方，距离起降点合适高度即可，保持无人机对尾悬停（见图 3-14a）。

2）操控航向摇杆左偏移一定量，使无人机在一定范围内进行向左水平匀速旋转，使无人机左侧面正对操控者（见图 3-14b），完成后使无人机进入悬停状态，执行水平定高悬停，并保持飞行稳定。

3）操控航向摇杆左偏移一定量，使无人机在一定范围内进行向左水平匀速旋转，使无人机机头正对操控者（见图 3-14c），完成后使无人机进入悬停的状态，保持飞行稳定，为下次转向做准备。

4）操控航向摇杆左偏移一定量，使无人机在一定范围内进行向左水平匀速旋转，使无人机右侧面正对操控者（见图 3-14d），完成后使无人机进入悬停的状态，保持飞行稳定，准备转成对尾飞行姿态。

5）将无人机转成对尾悬停状态（见图 3-14e），副翼摇杆和升降摇杆相互配合，重复上述步骤，练习向右转向并执行降落操作。

方向控制训练

知识点 5：多旋翼无人机四面悬停训练

多旋翼无人机四面悬停训练是需要选取起降点为参照物，飞行范围在规定尺寸的圆形区域内，如图 3-15 所示。

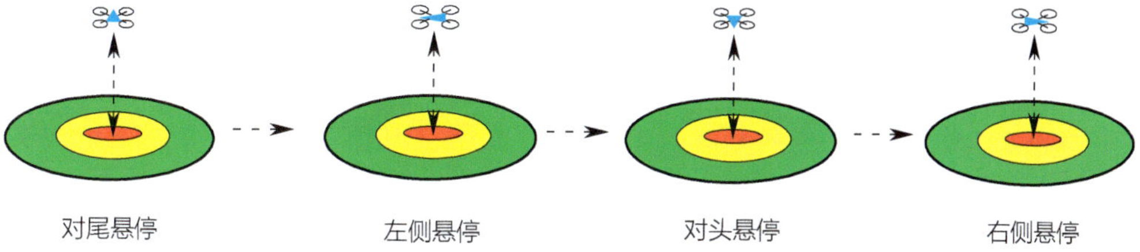

图 3-15　多旋翼无人机四面悬停训练

1. 四面悬停训练要求

1）多旋翼无人机能够定高左右飞行。

2）多旋翼无人机能够定高前后飞行。

3）多旋翼无人机能够顺利、准确降落。

4）多旋翼无人机在定高飞行过程中摆动幅度不能过大。

2. 四面悬停操作步骤

（1）对尾悬停　多旋翼无人机头部朝前，尾部对着驾驶员，能够在高度 1.5m 的空中，让多旋翼无人机保持空间位置基本不变的状态飞行 10s 以上，其左、右偏移不超过一个机身，其上、下移动不超过 0.2m。对尾悬停主要通过试舵量，感受无人机的反应，微小舵量操控，前后左右平移。

1）通过升降舵控制多旋翼无人机水平前后飞行，通过副翼舵控制多旋翼无人机水平左右飞行，体会摇杆的移动距离和无人机实际位置、姿态改变之间的比例关系。

2）前后俯仰摇杆，体会遥杆的移动距离和无人机实际位置、姿态改变之间的比例关系，同时适应略微俯视的视角。逐渐减小打舵量和频率，用最少的操控次数，使无人机悬停在目标点上。

（2）左侧悬停　在小舵量操控无人机对尾悬停的基础上，加入方向舵，多旋翼无人机机头逆时针旋转 90°，使无人机左侧面对驾驶员。体会旋转过程中无人机的移动轨迹，以此感受离心力对无人机产生的影响，无人机旋转到左侧正对驾驶员的位置，然后停止旋转，把无人机停在目标上，尝试副翼舵和升降舵控制多旋翼无人机的移动姿态。

（3）对头悬停　在左侧悬停基础上逆时针旋转 90°，形成机头正对驾驶员的姿态。

1）多旋翼无人机操控方式为油门杆和方向舵操控，逻辑不变，升降舵和副翼舵会有所不同，当前推升降舵时变成了朝向驾驶员飞行，当后拉升降舵时远离驾驶员；当打左副翼时无人机向右平移运动，当打右副翼时无人机向左平移运动。

2）多次训练对头悬停的操控方式，争取做到用短时间将多旋翼无人机稳定在悬停点上。

（4）右侧悬停　在对头悬停基础上逆时针旋转90°，形成多旋翼无人机机身右侧正对驾驶员。

1）无人机飞行方向和左侧悬停时刚好相反，打右副翼朝向驾驶员飞行，打左副翼远离驾驶员。推升降舵时无人机向右平移运动，后拉升降舵时无人机向左平移运动。

2）在压副翼舵过程中，一旦发现无人机向中心点有过多偏移趋势时，要及时回舵，压舵要做到收放自如。

3）最后转成对尾悬停，将副翼摇杆和升降摇杆相互配合，并执行降落操作。

四面悬停训练

任务核验

1. 完成工作页“实训任务6　多旋翼无人机视距内定点起降训练”的内容。

2. 完成工作页“实训任务7　多旋翼无人机视距内定高飞行训练”的内容。

3. 完成工作页“实训任务8　多旋翼无人机视距内方向控制训练”的内容。

4. 完成工作页“实训任务9　多旋翼无人机视距内四面悬停训练”的内容。

任务 3 多旋翼无人机视距内提升飞行训练

任务目标

1. 熟练掌握多旋翼无人机水平自旋 360° 训练。
2. 熟练掌握多旋翼无人机匀速矩形航线训练。
3. 熟练掌握多旋翼无人机匀速水平 8 字飞行训练。

任务描述

在熟练地掌握多旋翼无人机起降、定点悬停、四面悬停等基础飞行技能后，还远远不能达到飞行考证及行业应用的需求，需进一步进行提升飞行训练。提升训练场地需要根据使用训练机的型号尺寸进行设计。飞行训练场地的大小，一定要保证飞行训练环境的飞行安全，若多组同时训练应尽量隔开，并且远离建筑物和干扰源、较少人群围观的半开放式场地，需设置警戒线和警示标牌，用以警示围观人员。

任务学习

知识点 1：多旋翼无人机水平自旋 360° 训练

多旋翼无人机水平自旋 360° 训练即从准备区域起飞过后缓慢移动到中心桩点处停留，无人机要求在中心桩点正上方约 3m 左右处定点悬停，向左或向右匀速旋转，如图 3-16 所示。

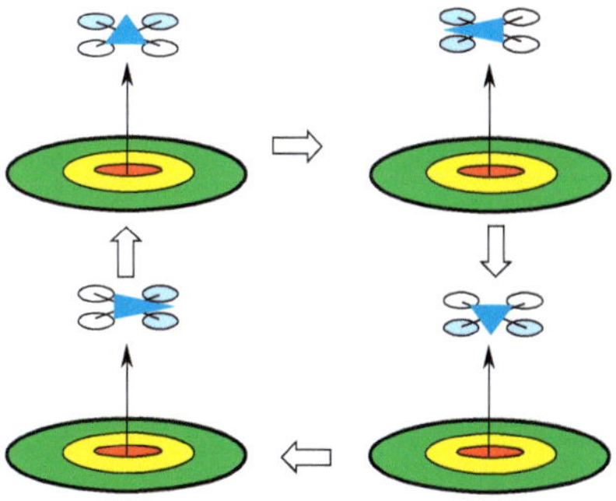

图 3-16 多旋翼无人机水平自旋 360° 训练

1. 水平自旋 360° 训练要求

1）旋转过程中以无人机几何中心为中心点，水平位移误差不超过 +2m。

2）旋转时长应控制在 6~20s。

3）自旋过程中不能有停顿。

4）无人机垂直高度误差不能超过 +1m。

2. 水平自旋 360° 操作步骤

1）执行起飞操作，无人机位于视线斜上方，距离起降点合适高度即可，保持无人机对尾悬停。

2）保持当前高度，操控航向摇杆，使无人机在起降点正上方向左水平匀速持续旋转，副翼摇杆和升降摇杆相互配合，使无人机不要偏离起降点正上方半个机架距离，速度不宜过快，旋转一周用时大于 8s 以上。完成后，使无人机进入对尾悬停状态。

3）保持当前高度，操控航向摇杆，使无人机在起降点正上方向右水平匀速持续旋转，副翼摇杆和升降摇杆相互配合，使无人机不要偏离起降点正上方半个机架距离，速度不宜过快，旋转一周用时大于 8s 以上。完成后，使无人机进入对尾悬停状态。

水平自旋 360°

4）将副翼摇杆和升降摇杆相互配合，并执行降落操作。

知识点 2：多旋翼无人机匀速矩形航线训练

匀速矩形航线训练是指操控无人机沿矩形航线飞行，要求无人机在起降点正上方旋转 90° 方向并且机头始终朝向前进方向，执行飞行完后飞回起降点，如图 3-17 所示。

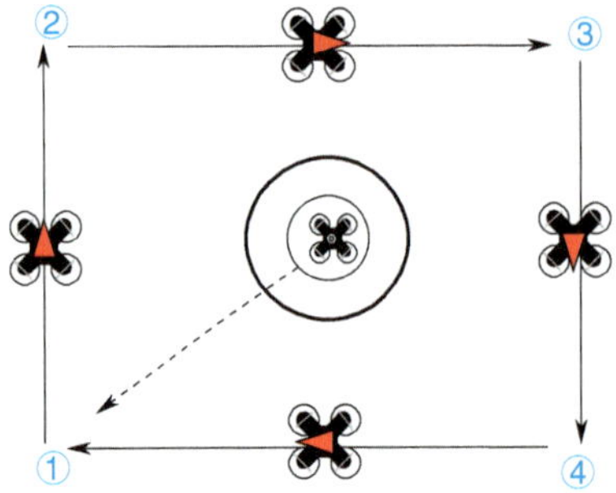

图 3-17 多旋翼无人机匀速矩形航线训练

1. 匀速矩形航线训练要求

1）能够把直线飞得很直，各方向移动范围不超过 0.2m。

2）能够很平稳地实现方向转变及直线飞行。

3）能够连贯、高质量地完成整个矩形航线的训练。

4）能够按照不同方向完成矩形航线的飞行。

2. 匀速矩形航线操作步骤

1）执行起飞操作，将无人机飞至航线第 1 点位并保持无人机对尾悬停。

2）保持当前高度，操控升降摇杆，使无人机沿直线向前飞，同时将副翼舵配合控制无人机左右位置，飞至航线第 2 点位上空悬停并将机头沿顺时针旋转 90°，继续执行沿航线飞行操作。

3）将无人机飞至航线第 3 点位后继续执行上述操作，飞至航线第 4 点位后将飞往航线第 1 点位，顺时针矩形航线完成。将无人机飞至航线第 4 点位，准备矩形航线逆时针飞行训练。

4）保持当前高度，操控升降摇杆，使无人机沿直线向前飞，同时将副翼舵配合控制无人机左右位置，无人机从航线第 4 点位开始，将无人机飞至航线第 3 点位上空悬停并将机头沿逆针旋转 90°，继续执行沿航线飞行操作，重复上述步骤，直至无人机飞回航线第 4 点位。

5）将副翼摇杆和升降摇杆相互配合，并执行降落操作。

匀速矩形航线训练

知识点 3：多旋翼无人机匀速水平 8 字飞行训练

匀速水平 8 字飞行训练是一种将无人机沿两个同等大小横向相切的圆形航线匀速飞行的训练。要求高度保持一定且匀速飞行，机头始终与航线保持一致且机身不能偏离航线半个机身，如图 3-18 所示。

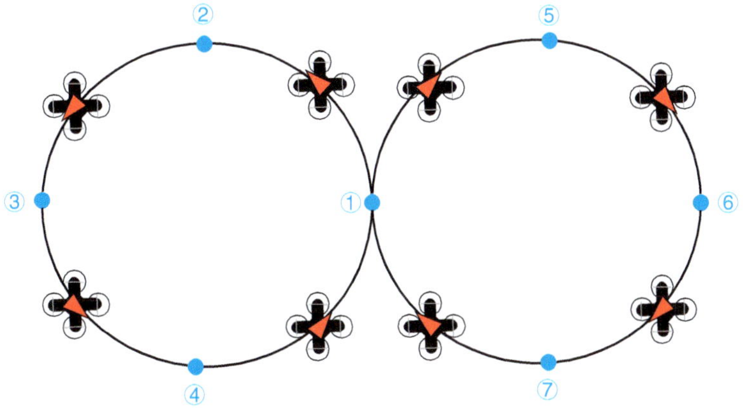

图 3-18　多旋翼无人机匀速水平 8 字飞行训练

1. 匀速水平 8 字飞行训练要求

1）能够把 8 字飞行得非常顺畅，上下移动范围不超过 0.4m。

2）能够按照顺时针、逆时针两个方向，高质量、连贯地完成两个 8 字飞行训练。

2. 匀速水平 8 字飞行操作步骤

1）执行起飞操作，将无人机飞至航线第 1 点位并保持无人机对尾悬停。

2）保持当前高度，操控升降摇杆且微打左航向舵，同时副翼舵配合控制位置，使无人机执行边前飞、边左转的动作，保证无人机始终沿圆弧形航线匀速飞行，在到达第 2 点位上空时，机身左侧朝向操纵者，继续推升降摇杆同时左打航向舵，同时副翼舵配合控制位置，使无人机继续执行边前飞、边左转的动作，保证无人机始终沿圆弧形航线匀速飞行，在到达第 3 点位上空时，机头朝向操纵者，同样操作飞至第 4 点位时机身右侧朝向操纵者，同样操作飞回第 1 点位。

3）继续保持当前高度，操控升降摇杆且微打右航向舵，同时副翼舵配合控制位置，使无人机执行边前飞、边右转的动作，保证无人机始终沿圆弧形航线匀速飞行，在到达第 5 点位上空时，机身右侧朝向操纵者，继续推升降摇杆同时右打航向舵，同时副翼舵配合控制位置，使无人机继续执行边前飞、边右转的动作，保证无人机始终沿圆弧形航线匀速飞行，在到达第 6 点位上空时，机头朝向操纵者，同样操作飞至第 7 点位时机身左侧朝向操纵者，同样操作飞回第 1 点位。完成匀速水平 8 字飞行训练。

匀速 8 字飞行训练

4）将副翼摇杆和升降摇杆相互配合，并执行降落操作。

任务核验

1. 完成工作页“实训任务 10　多旋翼无人机视距内水平自旋 360° 训练”的内容。

2. 完成工作页“实训任务 11　多旋翼无人机视距内匀速矩形航线训练”的内容。

3. 完成工作页“实训任务 12　多旋翼无人机视距内水平 8 字飞行训练”的内容。

项目 4　无人机地面站操控技术

本项目主要围绕“无人机地面站”展开学习，无人机地面站是无人机系统的重要组成部分，是无人机超视距飞行的主要控制设备，主要用于无人机飞行的控制及管理、无人机平台飞行状况的监视、无人机的遥控操作等。本项目主要围绕两款开源地面站软件和两款商业地面站软件，介绍无人机地面站设备组成、无人机任务规划步骤、无人机地面控制站软件操作流程等。

任务 1　认识无人机地面站

任务目标

1. 了解无人机地面站的基本概念。
2. 掌握地面站的主要功能。
3. 掌握地面站系统的构成。

任务描述

无论是消费级无人机、工业级无人机还是军用级无人机，想要实现超视距飞行作业或航线飞行，都要在控制回路设置一个飞行控制设备，也就是无人机地面控制站（Ground Control Station，GCS）。随着技术的发展，更多的硬件被加入无人机系统，使无人机具备自动执行飞行任务和飞行模式切换等能力，于是地面控制站的功能逐步强大，已具备系统调试、参数调试、硬件校正、飞行数据在线处理、飞行模式切换等功能。

本项目主要介绍无人机地面站系统的基本概念、结构组成、工作原理等内容，以及地面站系统在整个无人机系统中的重要性和地面站系统的特点。

任务学习

知识点 1：无人机地面站的概念

无人机地面站系统作为整个无人机系统的“大脑”，控制着整个系统各项功能的顺利实现，军用无人机地面指挥控制站功能如图 4-1 所示。无人机通过机载的各种传感器来获取无人机及载荷设备状态信息，将这些数据信息通过数据链路以预定的格式传输到地面站。地面站在接收到这些数据后对数据进行解包存储处理，一方面，将地面人员所需的参数通过显示设备展现出来，另一方面，根据控制律的解算操纵人员的输入信号，生成控制指令后再通过数据链路上传至无人机的飞控计算机，飞控计算机处理这些信息，发出控制指令来操纵无人机的姿态和载荷设备等。

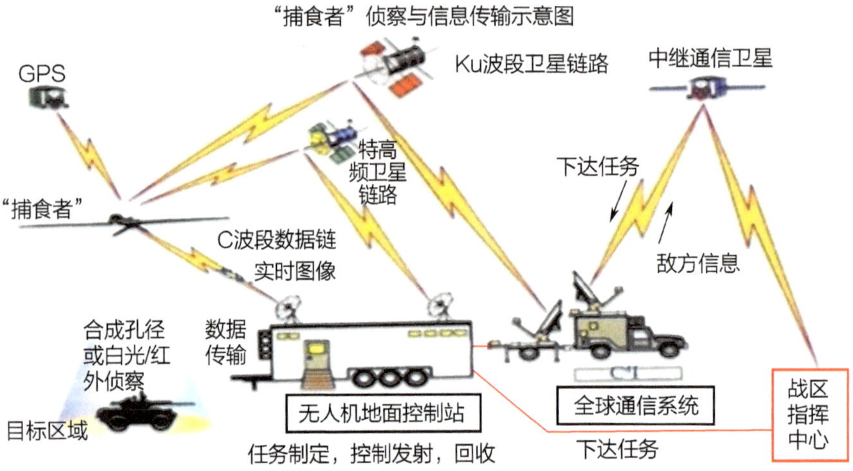

图 4-1　军用无人机地面指挥控制站功能

在上述的一系列操作过程中，数据链路是承上启下的关键一环。无人机数据链是一个多模式的智能通信系统，能够感知其他工作区域的电磁环境特征，并根据环境特征和通信要求，实时、动态地调整通信系统工作参数，如通信协议、工作频率、调制特性和网络结构等，以达到可靠通信或节省通信资源的目的。无人机地面站的数据链路分为上行链路和下行链路。上行链路主要完成地面站到无人机控制指令的发送和接收，下行链路主要完成无人机到地面站的遥测数据以及载荷数据的发送和接收，并可根据定位信息的传输利用上下行链路进行测距。

地面控制站是无人机系统的指挥、控制中心，主要完成飞行控制、数据链管理、机载任务设备控制，同时监控无人机系统运行状况，包括飞行状态、任务载荷状况、动力系统参数等。地面处理站指专门完成无人机测绘数据快速处理和产品生成的设备。地面控制站和地面处理站通常集中在一起，可统称为地面站。

知识点 2：地面站主要功能

无人机地面控制站的主要功能是指挥控制与任务规划。无人机地面控制站也称控制站、遥控站或任务规划与控制站。在规模较大的无人机系统中，可以有若干个控制站，这些不同功能的控制站通过通信设备连接起来，构成无人机地面控制站系统。

无人机地面控制站系统的功能通常包括指挥调度、任务规划、操纵控制、显示监控、记录分析、通信外联等。无人机地面控制站系统如图 4-2 所示。

图 4-2　无人机地面控制站系统

1. 指挥调度

指挥调度主要包括上级指令接收、系统之间联络和系统内部调度。上级指令接收是指接收来自于上级指挥机构的命令；系统之间联络是指不同无人机地面站系统之间的通信；系统内部调度是指本站内部各单位之间，各单位与空中无人机、机群中单机或整体之间的指挥调度。

2. 任务规划

任务规划主要包括飞行航路规划与重规划，任务载荷工作规划与重规划。飞行航路规划与重规划，指对无人机执行任务所经航点航线进行预先规划，并针对突发情况实时重新规划。任务载荷工作规划与重规划，指在无人机执行任务航线上对任务载荷的工作情况进行预先规划和实时规划。

3. 操纵控制

操纵控制主要包括起降操纵、飞行控制操作和任务载荷操作。起降操纵指无人机在起飞或发射、着陆或回收阶段的操纵；飞行控制操作指无人机在空中自动飞行阶段的人工操作；任务载荷操作是地面人员通过无人机数据链路远程控制无人机机载任务设备进行作业。

4. 显示监控

显示监控包括飞行状态参数（简称“飞参”）显示监控、地图航迹信息（简称“航迹”）显示监控和任务载荷信息显示监控。其中飞参显示和航迹显示对于飞行安全极为关键，是地面人员需要特别关注的部分，一般的地面站针对这些参数的非正常变化，还提供了警示、预警和告警功能。

5. 记录分析

记录分析是对飞参、航迹、载荷及系统内部各种信息的记录，以及对这些信息的分析解读。得益于遥测系统，无人机地面站系统几乎能够将接收到的所有数据信息记录和存储下来，并提供一系列的分析工具，方便地面人员对飞行情况进行实时和事后分析，相当于地面的“黑匣子”。

6. 通信外联

通信外联包括本站空地数据链控制，本站与外站及设备通信控制，空中交通管制通信、感知及规避信息通信。近年来，由于无人机使用量剧增且缺乏监管，无人机对航空安全产生了很大的影响，空中交通管制通信、感知及规避信息通信在无人机领域开始被重视起来。

知识点 3：地面站系统构成

1. 硬件系统

地面站通常由系统监控、无人机操控、任务载荷控制、数据链终端、数据处理、数据分发等几个主要部分组成。系统监控部分实时监视无人机飞行状态、任务执行情况、燃料与电池消耗、危险告警等信息。无人机操控部分控制飞行姿态、航线、航迹等。任务载荷控制部分控制各种任务载荷的运行参数和工作状态。数据链终端将各种控制命令经上行链路发送至无人机，并通过下行链路接收无人机运行参数和获取的数据。数据处理部分主要完成无人机所获取数据的处理与分析。数据分发部分主要负责对处理过的数据进行分发服务。

大、中、小型无人机系统的地面站在结构组成和规模大小上有所区别。大中型无人机系统的地面站一般包括多个操作台的控制方舱，同时还可能包括操作控制分站，而小型无人机系统的地面站可能只是一台便携式的笔记本计算机，如图 4-3 所示。

地面站的硬件系统可以简单地分为五个部分，即处理设备、显示设备、操纵设备、通信设备和保障设备。

（1）处理设备　一般为微小型计算机，这种计算机的处理速度很高，能够同时计算处理大量数据。

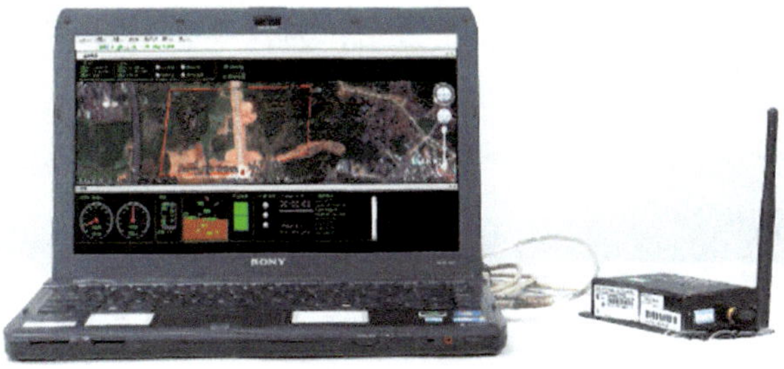

图 4-3　地面站

（2）显示设备　一般是一块或者多块不同大小的显示屏，对于小型无人机来说显示屏可能跟处理设备是一体的，如手机或者平板电脑；但对于中大型无人机，一般都会有多块显示屏来同时显示多种信息，比如车载地面站显示设备。

（3）操纵设备　可以是遥控器、操纵杆，也可以是软件虚拟操纵杆，甚至人体姿态感应器（手势控制）；对于大型无人机地面站还同时配有多种操纵设备，如某些军用无人机在起降阶段就使用外部遥控器，如图 4-4 所示，在飞行阶段则使用内部操纵杆。

图 4-4　外部遥控器

（4）通信设备　包括地面端、空中端、中继器、增益天线和信号自动跟踪器等。小型无人机的通信设备受体积和相关法律的限制一般发射功率不大，通信距离在几百米到十几千米之间。而大型无人机的通信设备可以采用网络通信和卫星通信方式，通信距离能达到几千千米，甚至可以做到不受距离限制。

（5）保障设备　为无人机地面站系统运行服务的，包括相应的载体、载具油料电器供应、物费防护以及其他保障供应设备等。

2. 软件系统

地面站软件系统是无人机飞行地面监视、控制和信息处理的综合系统，是控制无人机飞行姿态及遥测数据参数实时处理与综合显示的系统，是无人机系统的重要组成部分。它主要完成无人机的飞行任务规划和飞行控制，具有无人机飞行姿态、航迹和机载设备状态显示以及飞行数据记录、回放等功能，为操纵人员提供无人机实时飞行数据信息和飞行轨迹，指导飞行操纵，监控和记录侦察任务信息。

地面站软件主要分为四大模块：地图导航与航迹规划操作模块、用户界面模块、飞行监控模块和串口通信模块。

（1）地图导航与航迹规划操作模块　是无人机地面站软件中最重要的一个模块，所有的任务规划基本都是在这个模块上进行操作的。由于需要在地图上实时标示无人机的飞行位置、航向、规划好的航线和实际历史轨迹等，地面站软件还需要实现地图导航的基本功能。

（2）用户界面模块　主要用于实现飞行状况监控、飞行实时控制、航线规划和航迹回放等功能，一般包含地图区、状态区、航线管理区和飞行控制区等。

（3）飞行监控模块　通过读串口接收缓冲区的无人机状态数据包，加以解析后显示在仪表控件上，辅助操作人员了解无人机的飞行状况。通过串口发射将操作人员对无人机或者任务载荷的操纵指令传送至无人机，以实现对其实时控制。

（4）串口通信模块　主要实现串口相关属性配置，建立与无人机之间的串口连接，实现用户层串口通信协议，响应操作员的指令，打包发送命令帧，实时接收无人机回传数据并通知主线程更新数据显示等功能。

任务核验

1. 请简述无人机地面站系统的基本原理。

2. 无人机地面站系统有哪些主要功能？

3. 无人机地面站的软硬件系统由哪些部分构成？

任务 2　Mission Planner 地面站操控

任务目标

1. 熟悉 Mission Planner 地面站的软件安装与设备连接方法。
2. 熟练使用 Mission Planner 地面站软件主要窗口的菜单功能。
3. 完成 Mission Planner 地面站飞行任务规划及操作流程。

任务描述

Mission Planner 地面站软件源自全球最著名的开源飞控 ArduPilot 项目的一部分。ArduPilot 项目由美国人 Chris Anderson 创建的 DIYDrones 社群于 2007 年发起，其首个硬件主体 ArduPloMega 由美国 3D Roboies 公司于 2009 年正式发布，而早期的软件主体包含 ArduPlane（固定翼）、ArduCopter（多旋翼），发展至今又增加了 ArduRover（无人车）、ArduBoat（无人船）、ArduBlimp（无人飞艇），同时还能兼容垂直起降复合翼、倾转旋翼以及自动跟踪云台等平台设备。2010 年 8 月，新西兰 Michael Oborne 发布了第一款配合 ArduPilot 使用的可视化图形操作界面软件 Mission Planner。

Mission Planner 地面站简称 MP，是在 Windows 平台上运行的一款 APM/PX4 飞控硬件专属地面站，也是一款完全开放源代码的地面站，用户可以自行编译地面站代码，并修改地面站的界面、结构及功能。

本任务通过对 Mission Planner 开源地面站软件使用的介绍，让大家掌握无人机地面站的航线规划作业流程，从而实现对无人机的自动控制。

任务学习

知识点 1：任务准备

1）需要准备一台 Windows 系统的笔记本计算机，Mission Planner 地面控制站安装文件以及稳定网络用于加载最新地图。

2）地面控制站设备及工具：APM 飞控或 PIXHawk 飞控、数据线、数传电台。

3）组装并调试完毕的多旋翼无人机飞行平台，维护工具和消耗材料。

知识点 2：Mission Planner 地面控制站软件安装及设备连接

Mission Planner 是 Windows 系统上的自由开源软件，安装非常简单。具体安装步骤如下：

1）下载最新 Mission Planner 安装文件，下载地址：https：//ardupilot.org/planner/。

2）运行安装文件，按向导执行即可。

3）软件将安装到 C：\Program Files（x86）\APM Planner，并在开始菜单创建打开 Mission Planner 的图标。

4）安装完毕后，即可启动 Mission Planner ，启动后即可通过连接按钮，下载固件或连接自动驾驶仪主板。

5）连接自动驾驶仪主板和计算机时，可以选择 USB 数据线连接，如图 4-5a 所示；或者自动驾驶仪主板与数传电台发射端连接，计算机与数传电台接收端连接，如图 4-5b 所示，数传电台通过无线电波进行传输数据。

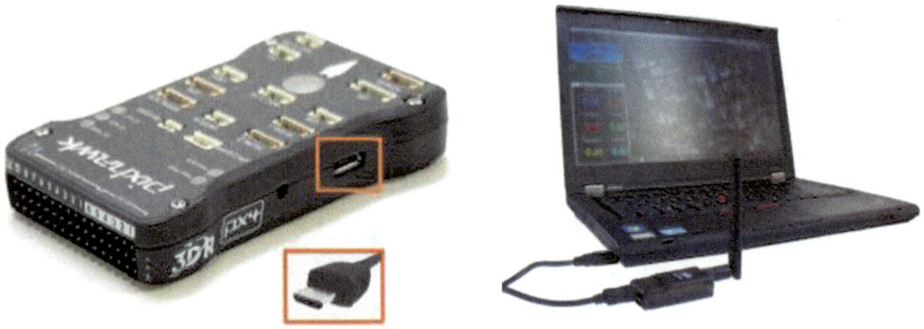

a）　　　　b）

图 4-5　自动驾驶仪主板与计算机的两种连接方式

6）计算机通信串口的选择：在 Mission Planner 软件的右上角，选择连接的串口号和波特率 57600，并单击“连接”。串口号是 Windows 自动提供的，并在下拉菜单中出现。注意，连接波特率必须选择 57600，而下载固件时的波特率必须选择 115200，如图 4-6 所示。

图 4-6　串口选择

注意事项：

1）连接成功后，连接按钮将显示 Disconnect，用于断开连接操作。

2）如果遇见没有连接上，可能的原因如下：检查正确的波特率，USB 为 115200，数传电台为 57600；检查串口号是否正确，串口号是否存在。如果是 USB 口，请尝试不同的 USB 口；如果使用 UDP 或 TCP 连接，检查防火墙是否畅通。

3）自动驾驶仪主板上电后，会有声音和 LEDs 等提示，待到蜂鸣器提示音结束后，才能进行其他操作，如图 4-7 所示。

图 4-7　自动驾驶仪（飞控）

知识点 3：Mission Planner 地面控制站功能介绍

Mission Planner 是无人机地面控制站软件，适用于固定翼、旋翼无人机和地面无人车，可在 Windows 系统下工作。

其主要特点：给控制板提供固件加载、设定，配置及调整无人机至最优性能、通过在地图上的鼠标单击入口来规划，保存及加载自动任务给自动驾驶仪主板、下载及分析由自动驾驶仪主板创建的任务记录、与 PC 飞行模拟器连接，提供硬件在环的 UAV 模拟器、通过适当的数传电台，可以监控无人机状态，记录电台传递数据，分析电台记录或在 FPV 模式下工作。

飞行数据是 Mission Planner 地面控制站的默认主界面，它可以很直观地显示无人机状态，包括姿态、速度、高度、离家距离、GPS 位置信息等，共划分为 3 大功能区域：飞行平视显示器（左上）、状态显示和控制选项栏（左下）、地图及飞机实时位置信息（右），如图 4-8 所示。下面详细介绍图中每一个区域的功能：

1）快速栏。主要显示 6 个参数：高度、地速、航点距离、偏航（航向角）、升降速度、DistToMAV（无人机离家的距离）等。可以在显示栏单击鼠标右键设置显示的行 / 列，双击对应的显示信息位置可以设置显示的内容，如图 4-9 所示。

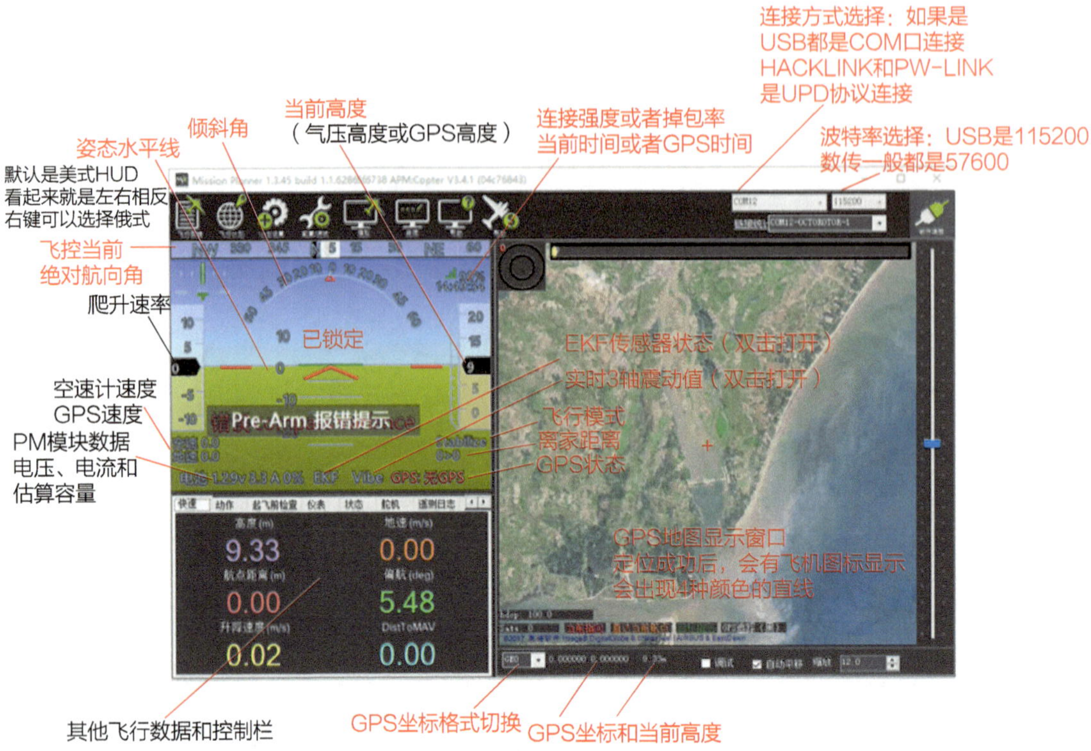

图 4-8 Mission Planner 地面控制站主要功能窗口介绍

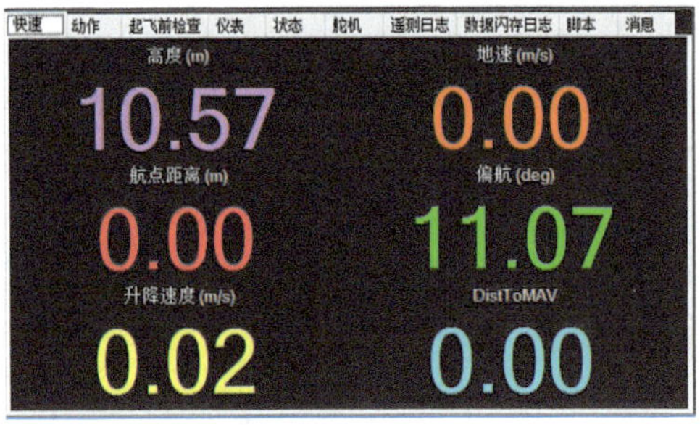

图 4-9 快速栏

2）动作栏。主要用于对无人机做实时的模式切换、任务控制、高度、速度控制等动作，如图 4-10 所示。自动航线任务：执行动作复选框设置为 Msission Start> 解锁 / 锁定 > 自动 / 执行动作（自动航线任务需要设置第一个任务为 Take off（自动起飞）。原始传感器 ：可以查看原始传感器的数据，做一些性能或者故障分析。游戏摇杆：可以设置 USB 手柄映射一个遥控器通道，对无人机进行控制（不建议使用，传统数传丢包可能导致控制不流畅）。

3）起飞前检查栏。可以帮助新手检查和判断无人机是否能满足飞行条件，比如 GPS 卫星数量提示、电压提示不满足会显示红色，通过为绿色；还可以通过 Edit 按钮，

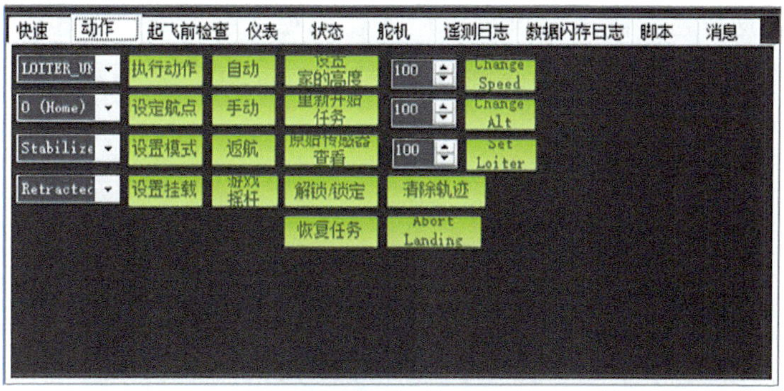

图 4-10　动作栏

编辑相关提示选项和阈值。ArduPilot 固件越来越完善，飞控本身会进行本地自检，如自检不通过将无法解锁，所以该功能区可以忽略，如图 4-11 所示。

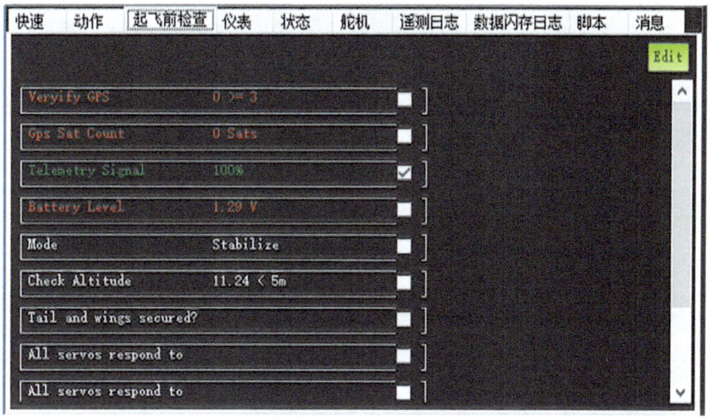

图 4-11　起飞前检查栏

4）状态栏。可以显示所有的飞控数据，包括传感器数据、通道输入输出数据，并且可以进行飞行和调试等功能，如图 4-12 所示。

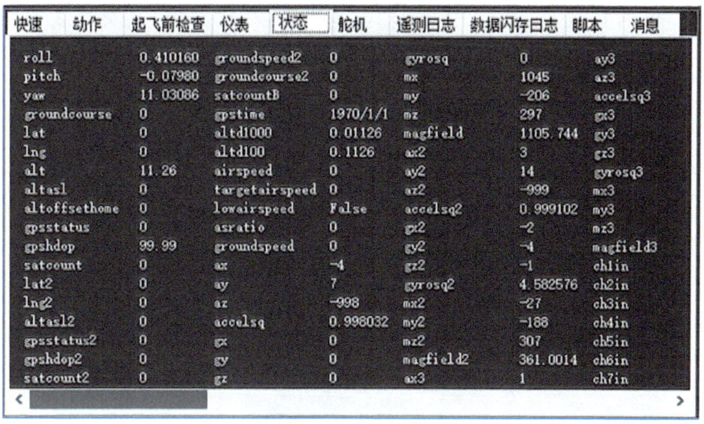

图 4-12　状态栏

5）舵机栏。这一栏实际上不仅可以用于舵机控制还可以用于其他设备控制，比如快门，实际是一个 PWM 通道输出控制。在多旋翼无人机中，如果通道设置了具体的功能，将无法从这里控制该通道，如图 4-13 所示。

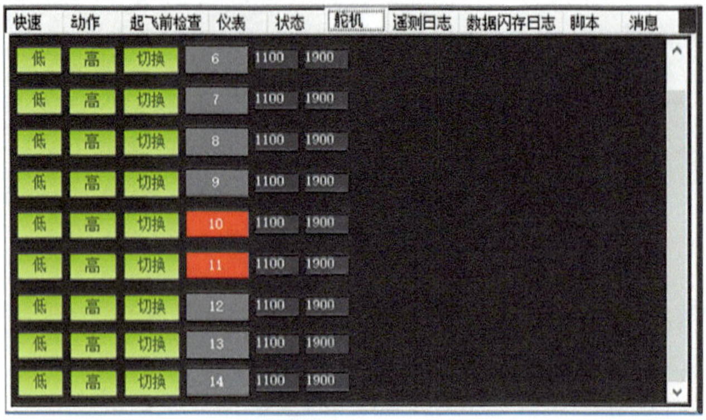

图 4-13 舵机栏

6）遥测日志栏。用于加载和播放地面控制站记录的遥测（数传回传）日志，如图 4-14 所示。

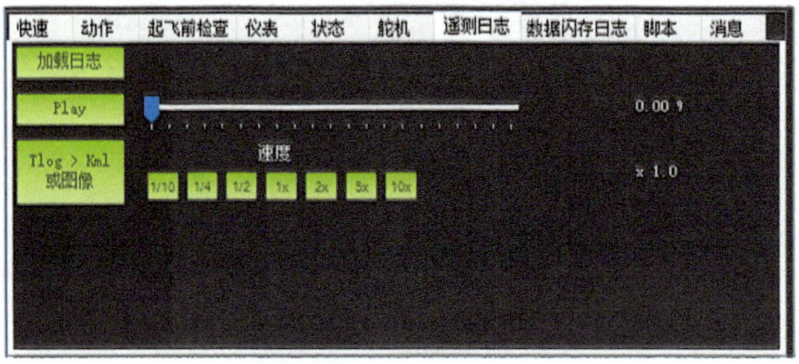

图 4-14 遥测日志栏

7）数据闪存日志栏。通过 Mavlink 下载闪存日志，可以通过 USB 下载机载 SD 卡记录的飞行日志。如果日志过大，可以取下 SD 存储卡，使用读卡器读取飞行日志。如图 4-15 所示。回顾日志：可以打开闪存日志进行详细的分析。自动分析：使用程序自动分析功能自动分析闪存日志，直接得出分析结果，查看无人机的震动值、罗盘等数据是否健康达标。

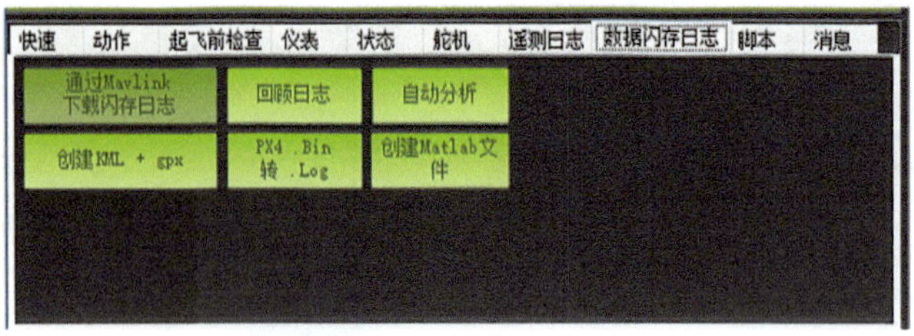

图 4-15 数据闪存日志栏

知识点 4：Mission Planner 地面控制站飞行任务规划及操控流程

Mission Planner 可以给无人机设置自动任务，当无人机处于 auto 模式时启动自主飞行模式。这里主要讲解 MP 地面控制站的任务规划功能，其他地面控制站的航点规划理念都很类似，飞行计划是 Mission Planner 最重要的功能之一。

一般用户可以规划最简单的飞行任务，包括对每个航点的高度控制、待留时间、相机触发、各种条件触发、通道触发，甚至自动起飞和降落规划；行业用户还可以做测绘规划等，如图 4-16 所示。操作步骤如下。

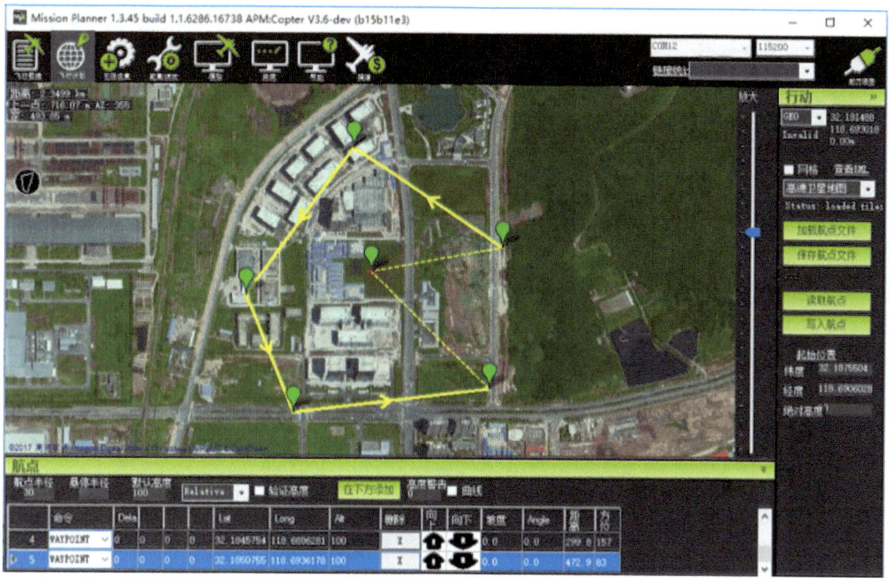

图 4-16　无人机飞行任务规划

1. 设置 Home 点

飞行任务规划首先要确定 Home 点，不同的飞行平台关于 Home 点的确定方式有所不同。旋翼无人机 Home 点是自动驾驶仪主板上电的位置，这意味着如果执行 RTL 模式，将自动返航到 Home 点；对于固定翼无人机，Home 点是 GPS 第一次锁定的位置。

2. 根据任务需求绘制飞行航线

以多旋翼无人机为例，设计航线任务如下：假设任务起始位置设在 Home 的位置，从地面开始自动起飞；然后上升到 100m 的高度去航点 2，然后等待 10s；那么无人机将进入航点 3（途中降至 50m 高度），然后返回起始点。由于默认海拔高度为 100m，所以返回到 100m。返回到到起始位置后，无人机将着陆。

1）在航点设置画面的下方，有详细的航点规划及动作，可通过下拉菜单改变航点动作，通过地图鼠标的拖拉改变航点位置，如图 4-17 所示。

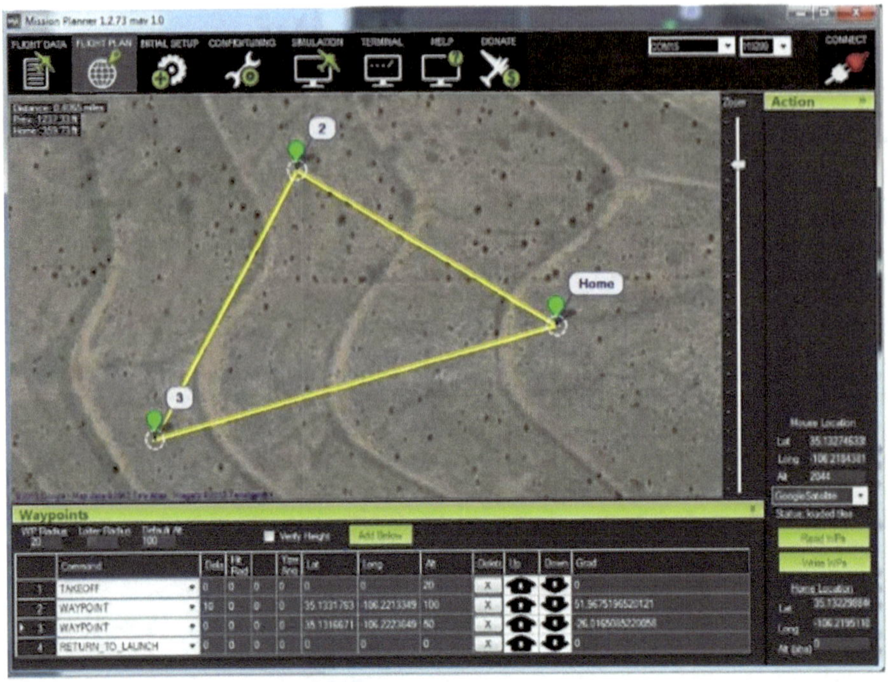

图 4-17　绘制飞行航线

2）可以输入航点和其他命令。在每行的下拉菜单中，选择所需的命令。列名称将会更改，以显示该命令需要哪些数据。可以通过单击地图输入纬度和经度。海拔高度是相对于起始高度 /Home 的位置，所以如果你设置 100m，例如，它将飞行 100m 以上。

3）默认 Alt 是输入新航路点时的默认高度。它也是 RTL（返回启动）模式飞行高度，如果设置了默认 Alt，该高度就是 RTL 飞行高度；如果没有设置，无人机将尝试维持开启 RTL 时的高度。

4）Verify Alt（验证高度）意味着任务规划器将使用 Google Earth 拓扑数据在每个航路点调整所需的高度，以反映地面高度。所以航路点在山上，如果选择了这个选项，任务计划员将根据山的高度增加你的航点设置。

5）规划好任务后，选择写入，将其发送到飞控并保存在 EEPROM 中。可以通过选择“读取”来确认它是想要的。通过右侧按钮可以保存航行任务或加载航行任务，方便重复执行任务，如图 4-18 所示。

注意事项：

1）下载离线地图。提前下载地图数据到地面控制站，避免在野外无网络，无法连接地图数据。单击“Prefetch”（地图工具）按钮，预读取航点路径中的离线地图，然后按住 Alt 键绘制一个框，下载所选位置的图像。

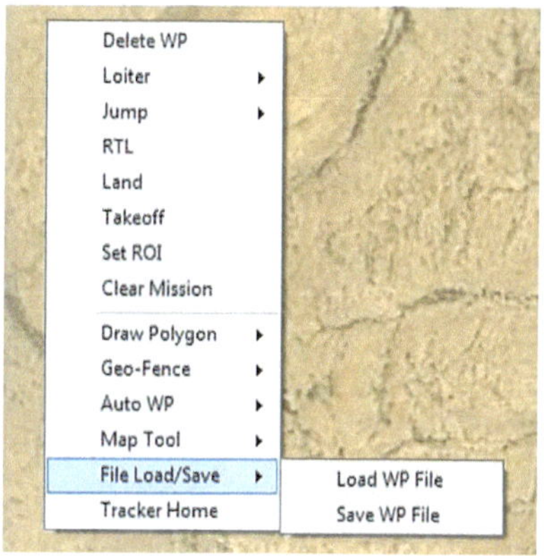

图 4-18　保存加载航行任务

Mission Planning
地面站航线规划

2）绘制多边形。可以绘制多边航线的图形（右击），并自动在所选区域上创建航点。

3）快捷绘制多边形航线。鼠标右击菜单，通过增加航点的形式绘制多边航线，然后使用自动生成网格工具，单击“Grid”菜单，在弹出的窗口填入每个航点距离、高度，最后单击“确认”，实现每个航点的动作信息上传至无人机。

4）将 Home 点位置设置到当前位置。追踪器的 Home 点，设置为起飞位置，即将 Home 点设置为当前坐标。可以通过右击一端并选择“测量距离”来测量航点之间的距离。然后在另一端上右击，然后再次选择“测量距离”，将打开一个对话框，显示两点之间的距离。

5）自动规划航线。Auto Grid 功能可以生成扫描航线，以收集当地的图片。在地图上选择右击，选择多边形绘制需要的区域，选择 Auto WP--Grid 菜单，按照对话框自动处理高度和距离，将自动生成网格航点，如图 4-19 所示。

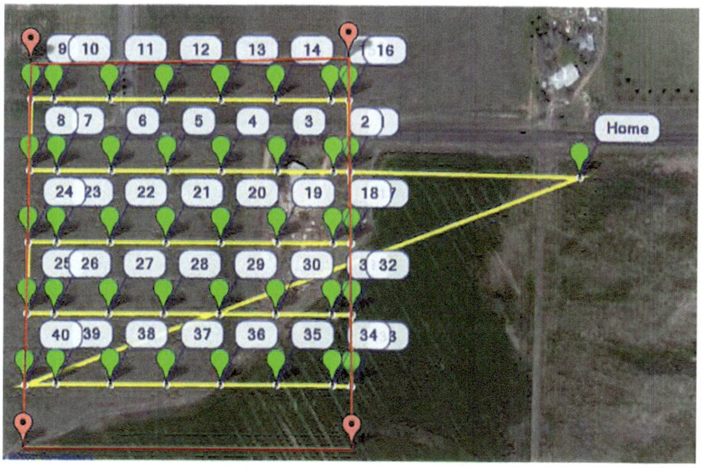

图 4-19　自动生成网格航点

6）任务指令。在地图的下方有表格的任务信息栏中，将会按照当前无人机的类型产成指令列表，并新增列航点参数。这些指令包括：导航到航点，临近盘旋，执行特殊动作（如拍照等）和条件指令，如图 4-20 所示。

图 4-20　任务指令列表

任务核验

1. 熟悉 Mission Planner 地面站软件的使用。

2. 完成工作页“实训任务 13 Mission Planner 地面站航线规划训练”的内容。

任务 3　QGroundControl 地面站操控

任务目标

1. 熟悉 QGroundControl 地面站系统软件界面的基本操作。
2. 熟悉 QGroundControl 地面站系统航线飞行操控方法。

任务描述

Dronecode 地面控制站称为 QGroundControl（QGC）。通常可以使用 QGC 将 PX4 加载（闪存）到无人机控制硬件上，设置无人机、更改不同参数、获取实时飞行信息以及创建和执行完全自主的任务。QGC 可在 Windows、Android、MacOS 或 Linux 上运行。

本任务主要介绍 QGroundControl 地面站软件基本操作以及航线规划与自主飞行方法。

任务学习

知识点 1：注意事项

1）飞行控制器必须插入 SD 卡，否则无法正常启动。

2）烧写固件时，仅使用 USB 供电，切勿使用电池供电。

3）校准传感器时，必须按照提示标准操作。

4）务必清楚已设置的安全保护操作。

5）飞行模式设置后，记住对应档位模式。

6）无人机解锁前，务必先打开安全开关。

7）测试无人机各电动机转动情况时，务必取下螺旋桨。

8）外场执行航线任务时，务必提前下载航线所在地图。

9）飞行参数一旦调试好，切勿随意更改，除非保存调试参数。

知识点 2：地面站软件安装及运行

1）安装驱动。

2）安装地面站软件。

3）打开地面站软件主界面，如图 4-21 所示。

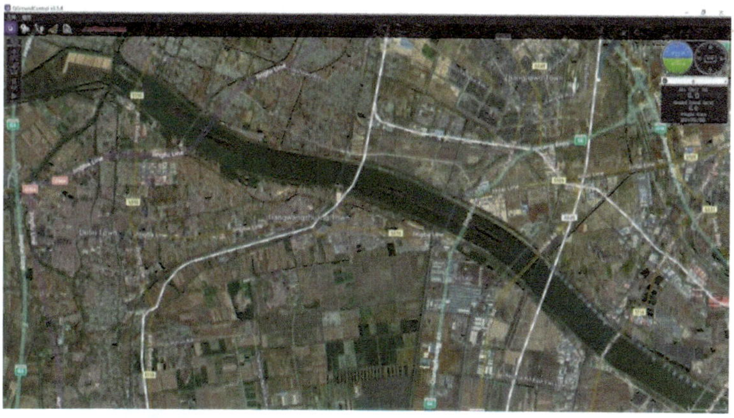

图 4-21　QGroundControl 地面站软件主界面

知识点 3：初始化设置

初始化设置操作步骤如图 4-22 所示。

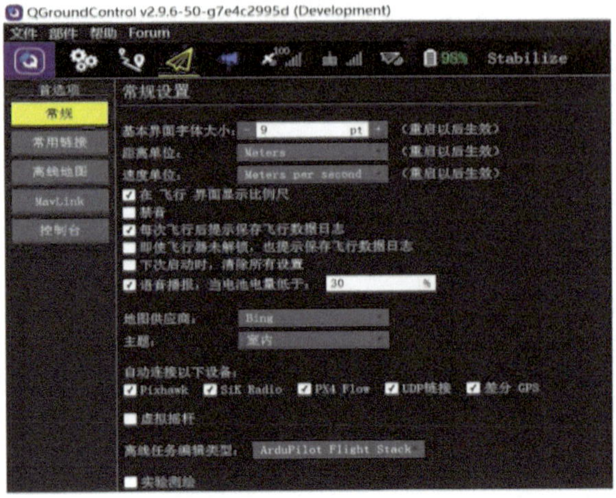

图 4-22 初始化设置

1. 常规设置

主要注意以下几点：

1）飞行数据日志的保存问题。

2）电池电量低时的语音播报及播报电量阈值。

3）地图类型选择。

4）自动连接飞控、电台、光流及差分 GPS 的设置。

2. 常用链接

一般指无人机与地面站的链接，常用串口链接（电台或 USB 直连）。串口链接可以设置串口号、波特率、数据位、停止位、奇偶校验位等基本参数；也可以使用 WiFi 电台，地面站通过 TCP 方式连接，如图 4-23 所示。

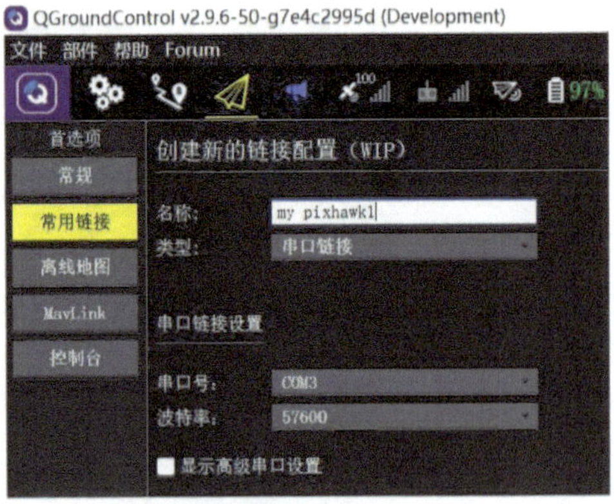

图 4-23 常用链接

3. 离线地图的设置

离线地图主要是便于外场规划航线使用。下载离线地图时，一般只需关注下载的地图级数和类型，如图 4-24 所示。

4. MAVLink

它是无人机与地面站无线传输的通信协议，一般设置为默认值即可，如图 4-25 所示。

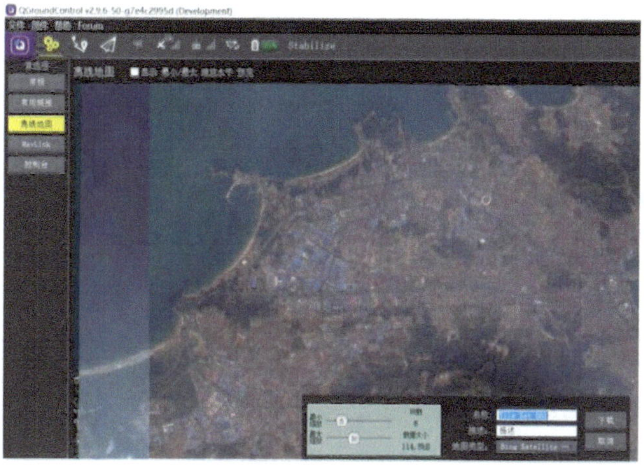

图 4-24　离线地图

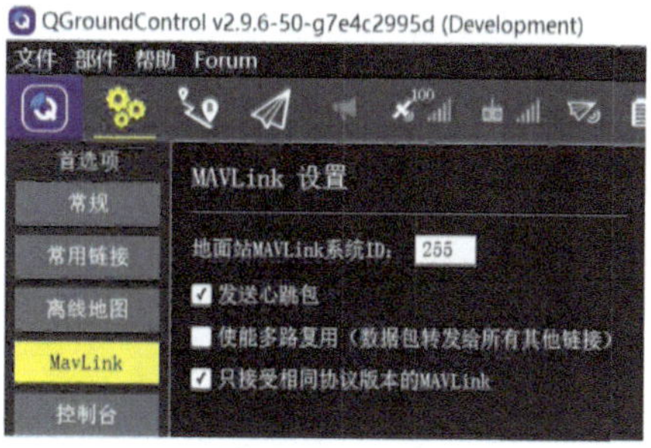

图 4-25　MAVLink

5. 控制台

它是显示文件加载、控制的过程，同时也能提示错误信息，如图 4-26 所示。

图 4-26　控制台

知识点 4：航线飞行

1. 添加航点

飞行计划主要在外场航线规划作业时使用，根据作业需要，添加航点并设置相应的操作指令和参数值。添加航点可以拖动、修改参数，航线可以保存和加载，如图 4-27 所示。

QGround-Control 地面站航线规划

图 4–27 添加航点

2. 飞行任务

（1）下载航线　将航线设置完成后，可以保存到文件，一般用于室内规划航线后，外场直接使用。

（2）加载航线　在外场作业时，可以不用现场制作航线，直接加载已保存的航线文件。

（3）写入航线　当航线规划或加载完成并确认无误后，将航线写入无人机中，以便无人机能自动巡航飞行。

（4）读取航线　当航线写入无人机后，再次确认或修改航线时，可以选择读取航线，完成确认或修改操作后，再次写入航线，如图 4–28 所示。

图 4–28 读取航线

3. 中心地图（见图 4–29）

（1）返航位置　单击“返航位置”图标，地图中心立即切换到返航图标 H 的位置，便于查看返航位置和设置返航点。

（2）任务　单击“任务”图标，地图立即切换到航线任务所在区域，一般是放大航线区域至适合比例，便于航线的规划和修改。

4. 地图类型（见图 4–30）

（1）Street Map—街道地图　该地图上能显示地名，便于查找制定地名的街道地图。

（2）Satellite Map—卫星地图　该地图只显示了卫星遥感图像，能看到实际的地形图，未显示地名。

（3）Hybrid Map—Hybrid 地图　该地图是 Google 推出的混合式地图，既能显示地名，又能显示卫星遥感图像。

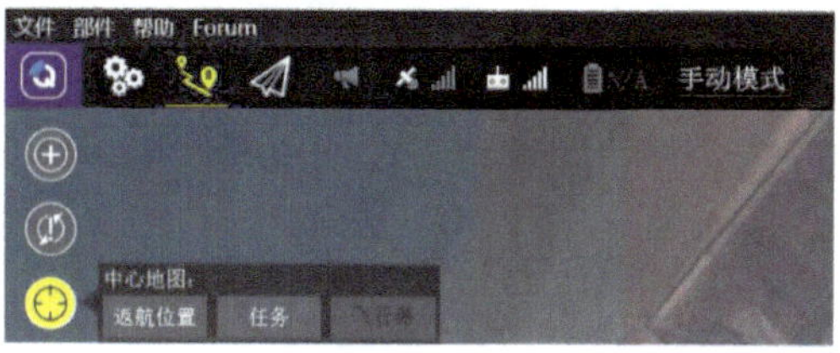

图 4-29　中心地图

图 4-30　地图类型

知识点 5：飞行数据

1. 飞行跟随

飞行跟随是指地面站显示地图跟随飞行方向移动，便于清楚无人机当前的飞行位置及飞行方向，如图 4-31 所示。

图 4-31　飞行跟随

2. 飞行地图

有街道地图、卫星地图和 Hybrid 地图三种可以选择，推荐使用 Hybrid 地图；地图上能实时显示无人机的飞行轨迹，可自行清除飞行轨迹，如图 4-32 所示。

图 4-32　飞行地图

3. 飞行表盘

飞行表盘主要用于显示当前无人机姿态、飞行方向和相应参数，可以选择无人机的姿态信息、GPS 信息、振动信息、电池信息、风速信息等使其显示于表盘下方，如图 4-33 所示。

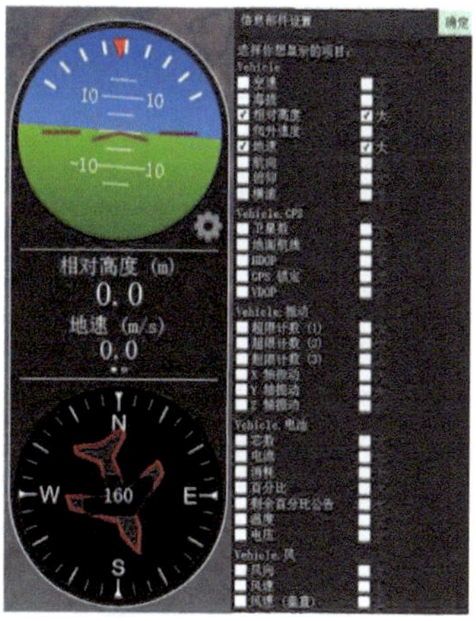

图 4-33　飞行表盘

4. 地面飞行控制

在地面站可直接对无人机进行解锁、起飞、下降和降落等操作，单击相应图标，然后单击箭头向右滑动至最右边即可完成操作，如图 4-34 所示。

图 4-34 地面飞行控制

任务核验

1. 熟悉 QGroundControl 地面站软件的使用。

2. 完成工作页“实训任务 14　QGroundControl 地面站航线规划训练”的内容。

任务 4　DJI 地面站操控

任务目标

1. 熟悉 DJI 地面站系统的组成。
2. 熟悉 DJI 地面站软件的安装及运行。
3. 熟悉 DJI 地面站系统硬件设备的连接方法。
4. 熟悉 DJI 地面站系统软件界面各模块的功能与使用方法。
5. 熟悉 DJI 地面站系统航线编辑器与航线模板的功能与使用方法。
6. 熟悉 DJI 地面站系统航线飞行流程与方法。
7. 熟悉 DJI 地面站系统航线飞行出现问题时的解决方法。

任务描述

DJI 地面站是我国著名无人机制造商大疆创新（DJI）专为旗下无人机飞控产品在行业应用领域设计的一款地面站软件，是一款典型的闭源（商业）地面站系统。它可通过地图选点、无人机定点、文件导入等多种方式创建不同类型的任务，使无人机按照规划航线自主飞行。

本部分主要介绍 DJI 地面站软件的基本操作、航线规划与自主飞行。

任务学习

知识点 1：任务准备

1）准备一台 Windows 系统的笔记本计算机，DJI 地面控制站安装文件。

2）地面控制站设备及工具：ACE 飞控或 WKM/A2 飞控或 NAZA-M/NAZA-M V2/Phantom 2 飞控、数据线、数传电台。

3）组装并调试完毕的多旋翼无人机飞行平台，维护工具和消耗材料。

知识点 2：地面控制站软件安装及运行

操作系统要求：Windows XP（需要安装 sp2 补丁），Vista，Windows 7，Windows 8（32 位，64 位，基本版需要安装 sp3 补丁）；请到 DJI 官方网站 http：//www.dji.com/cn/product/pc-ground-station/download 下载并安装如下软件（见图 4-35）：

1）谷歌地球插件。

2）地面控制站系统（如果无法成功安装，请先安装 .Net Framework 3.5）。

3）驱动程序。

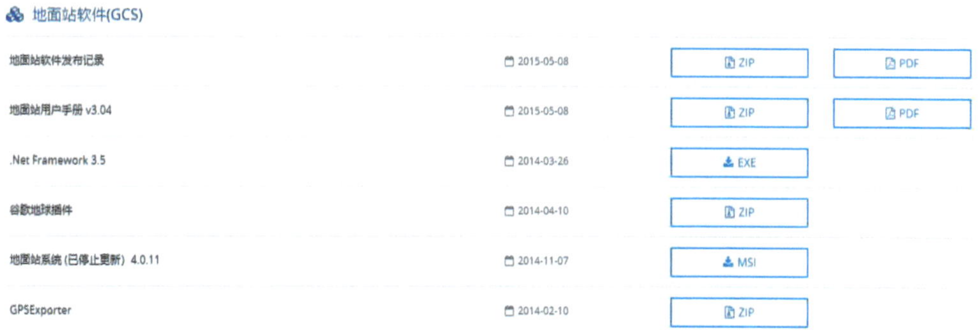

图 4-35　DJI 地面控制站软件及插件下载界面

知识点 3：硬件设备的连接

硬件设备的连接（见图 4-36）操作步骤如下：

1）先将准备一台安装有地面控制站软件的笔记本计算机。

2）使用 USB 连接线，连接无线数传电台地面端与笔记本计算机。USB 连接线的一端有两个接头，请使用通信接头插入笔记本的 USB 端口，如果 USB 端口供电不足时，再将供电接头插入其他 USB 端口。

3）如果使用 900MHz 无线数传电台，机载端有两个 CAN 端口，将其与 ACE 飞控系统和低压舵机同时使用时，必须将其中一个 CAN 端口和飞控系统的空余 CAN 端口连接，而另一个 CAN 端口与输出电压在无线数传电台机载端的输入电压范围之内的电池连接，如图 4-36 所示。

4）如果使用 2.4GHz 无线数传电台，只需将其机载端唯一的一个 CAN 端口与飞控系统的空余 CAN 端口连接即可。注意，A2 飞控系统需要使用 CAN2 端口。

5）在飞行过程中，确保无线数传电台机载端的天线头时刻可见并竖直向下，以获得最大飞行活动半径。

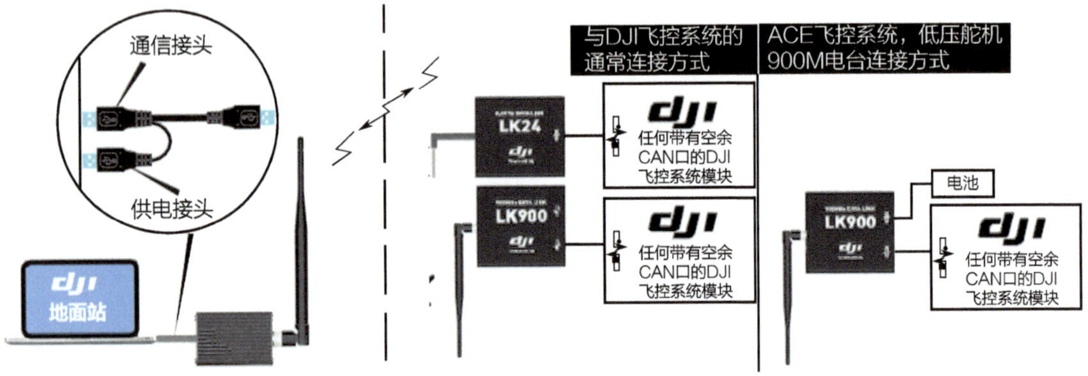

图 4-36 数传电台的地面端与机载端

知识点 4：地面控制站软件运行并连接端口

操作步骤：

1）启动地面控制站应用程序，如图 4-37 所示，检测网络，如果网络连接失败，将自动进入离线模式。也可以通过单击“OFFLINE MODE”按键进入离线模式。

2）连接到主控制器，在下拉列表中选择通信端口，单击“连接”按钮，连接 DJI 飞控系统的主控制器。如果提示线连接有问题，请检查连接线，如图 4-38 所示。

图 4-37　地面控制站软件启动页面

图 4-38　COM 端口的选择与连接按钮

知识点 5：软件界面

DJI 地面控制站软件界面如图 4-39 所示，下面结合此图，逐项介绍操作界面的功能按钮，以及显示的飞行数据。即：

1）操纵杆。

2）工具箱。

3）系统设置。

4）语言（Language）：单击改变显示语言（中文或英文）。

5）帮助（H）。

6）输入位置：输入要到达的位置。

7）飞行轨迹：单击显示无人机的飞行轨迹。

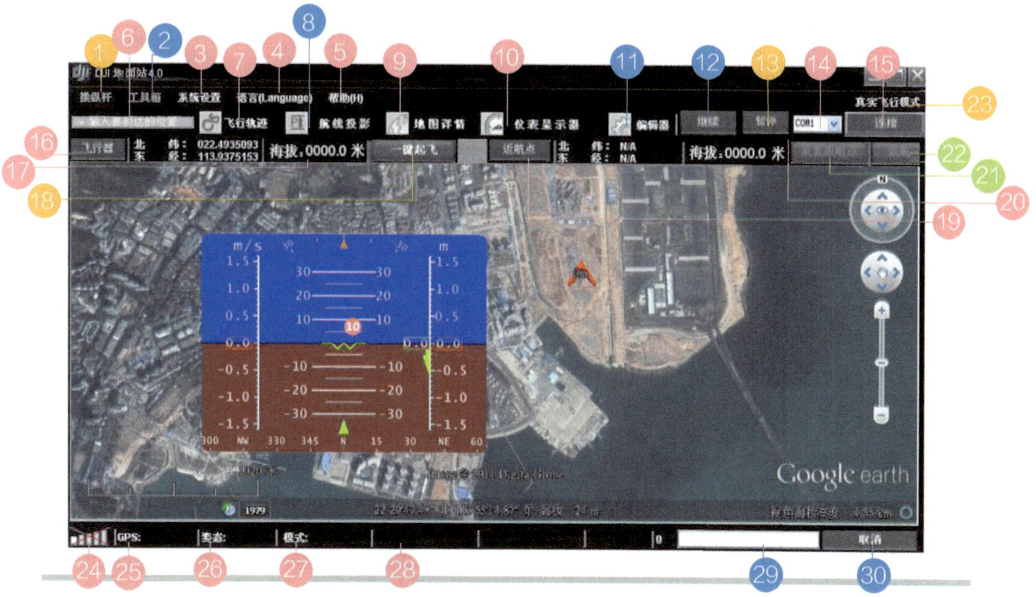

图 4-39　DJI 地面控制站软件界面

8）航线投影。

9）地图详情。

10）仪表显示器：单击此选项弹出仪表盘窗口。

11）编辑器：单击弹出任务编辑器窗口。

12）继续：单击此选项无人机继续执行未完成的航线任务。

13）暂停：单击此选项暂停任务。

14）串口选择。

15）连接：单击连接主控器。

16）飞行器：单击前往无人机位置。

17）无人机实时位置信息，数据内容可进行复制。

18）一键起飞：单击后无人机起飞。

19）返航点：单击前往返航点位置。

20）返航点位置信息，数据内容可进行复制。

21）设置返航点：改变返航点。

22）返航：单击返航。

23）显示真实飞行模式或模拟飞行模式。

24）信号强度：显示地面控制站与主控之间的连接状态。

25）GPS：实时 GPS 信号质量。

26）姿态：实时姿态特征。

27）模式：实时控制模式。

28）其他状态参数（由识别到的飞控类型决定）。

29）上传 / 下载进度条。

30）取消：取消按钮。

知识点 6：航线编辑器

首先来认识一下任务编辑器，其界面说明如图 4-40 所示。结合此图，具体说明如下：

1）日志：显示信息，例如上传成功、上传失败等。

2）航点列表：单击编辑中的任务图标前面的 +，可以展开所有航点信息。

3）选择编辑中的任务，显示任务属性。

4）航点属性的具体描述。

5）每单击一次，改变高度 10m 或 1m。

6）单击“+”或在地图上单击鼠标左键并按住 Ctrl 键添加新航点。选中航点后单击“-”删除航点。

7）若想删除正在运行的任务或要在地图上编辑新任务，单击“清屏”即可。

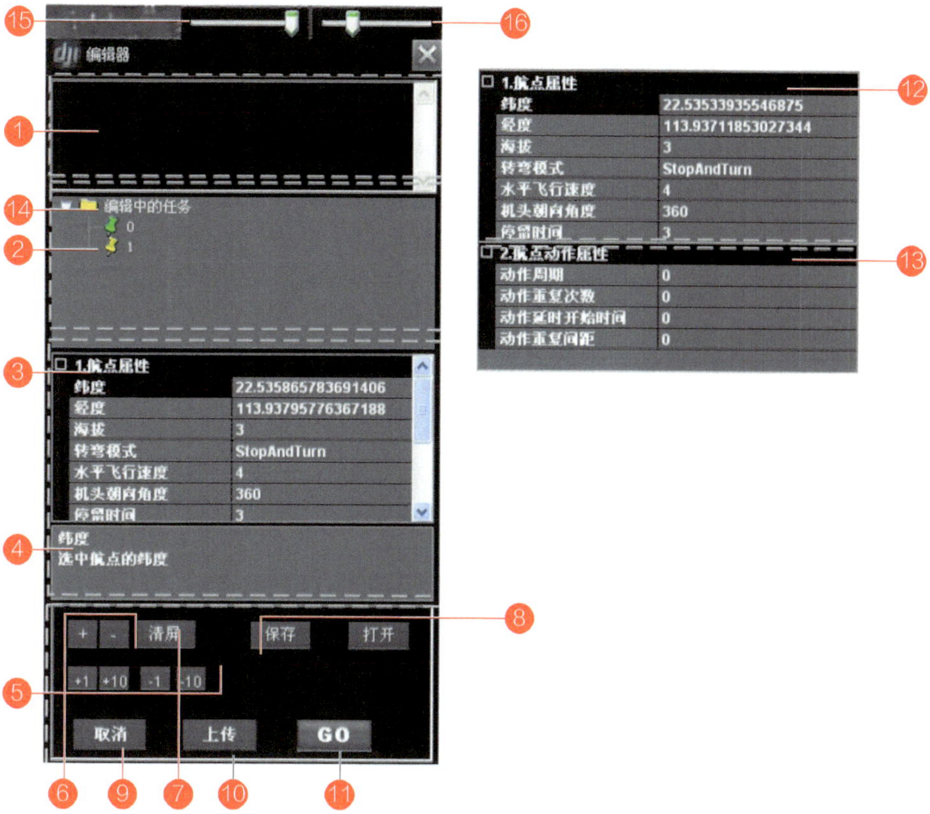

图 4-40　DJI 地面控制站的任务编辑器界面说明

8）保存和打开任务。

9）取消所有已编辑航点。

10）上传任务至主控制器。

11）单击“GO”执行已分配的任务，包括自主起飞。

12）显示航点属性（如果 2）的航点中任何一项被选中）；正在编辑的任务，属性可写；已分配的任务，属性只读。

13）航点动作属性。

14）编辑框透明度设置。

15）编辑框大小设置。

知识点 7：航线模式中编辑飞行任务

1. 添加航点

添加航点，单击“设置”，打开任务编辑器，如图 4-41 所示，单击“新建”，编辑新任务。添加航点有两种方法：一种是逐点添加，另一种是使用相对坐标编辑器进行添加。不同的飞控支持的最大航点数会有所不同，在 ACE 飞控中，最多可添加 200 个航点；在 WKM/A2 飞控中，最多可添加 50 个航点；在 NAZA-M/NAZA-M V2/Phantom 2 飞控中，最多可添加 16 个航点。

（1）逐点添加　单击“+”或者按住 Ctrl 键。在 3D 地图上单击鼠标左键进行添加航点的位置；如果需要添加更多新的航点，请重复以上步骤；起始航点索引号为 0，每添加一个新航点，其索引号按 1 递增；如果需要在某个航点之前插入一个新航点，将鼠标移至新航点位置后按 Ctrl+ 鼠标左键。

（2）相对坐标编辑器添加　在地图添加第一个航点，然后可以使用工具箱 > 相对坐标编辑器来添加新的航点；选择一个航点，按 Shift+P 键，将看到如图 4-42 所示的输入窗口；用 Tab 键在两个输入框之间切换；输入相对坐标，角度是与当前航点正北方向的相对角度，距离是与当前航点的相对距离；按下 Enter 键，即可在当前航点之后看见所设置的新航点。

图 4-41　打开任务编辑器

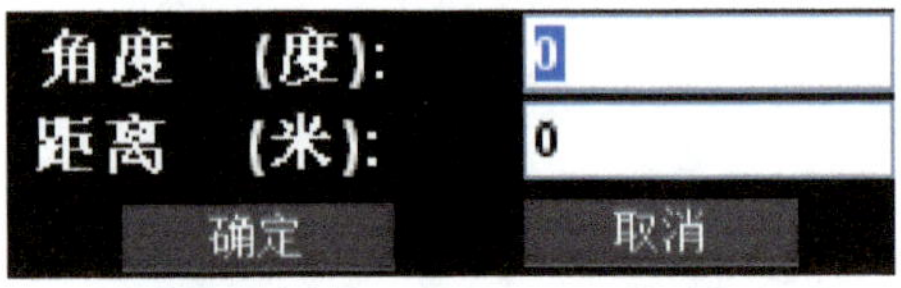

图 4-42　输入飞往下一点的角度和距离

注意事项：当航点添加错误时可以删除航点，在 3D 地图或在编辑中的任务中选中航点，选中的航点显示绿色；单击“-”或者按下 Delete 键删除航点。

2. 航点参数设置

航点参数设置，在 3D 地图或编辑中的任务菜单中选择航点，属性设置（航点属性）界面如图 4-43 所示，可对航点海拔、转弯模式、水平飞行速度、机头朝向角度和停留时间等进行设置，设置完成后，按 Enter 键确认。

图 4-43　航点属性设置

（1）海拔　航点海拔（单位为 m）如果是高度模式，指的是航点的相对高度，如果是海拔模式，则是指航点的海拔。通过单击“高度调节”按钮，编辑每个航点的高度，或在海拔栏后面键入确切数值。

（2）转弯模式　航点的转弯模式可以独立设置，可选择：定点转弯、协调转弯或自适应协调转弯。系统默认转弯模式为定点转弯。在协调转弯或自适应协调转弯模式下，航点属性中的停留时间参数将被忽略。从转弯模式的下拉菜单中选择定点转弯、协调转弯或者自适应协调转弯。

（3）水平飞行速度　指从上一航点到当前航点的速度（单位为 m/s）。在航线模式下，系统默认速度为 4m/s，允许的最大速度为 25m/s；在水平飞行速度栏后面键入确切数值。

（4）机头朝向角度　如果想要求无人机在到达某个航点时朝向特定的方向，可通过设置该值实现（单位为（°）），默认值为上一个航点的机头朝向角。可在机头朝向角度栏后面直接键入确切数值，或右击航点并按住，移动滑轮或按↑、↓键改变机头朝向角。

（5）停留时间　设置无人机在某航点的停留时间。该设置仅对定点转弯有效，而非协调转弯。在停留时间栏后面键入确切数值。

3. 编辑航点任务

单击编辑中的任务，可以看见任务属性，如图 4-44 所示，可对任务超时时间、循环、起始点、垂直最大速度，以及设置所有航点参数等进行设置，设置完成后，按 Enter 键确认。

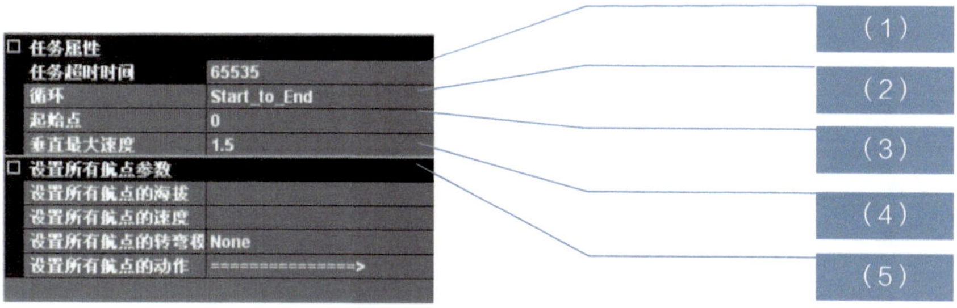

图 4-44　航点任务属性参数设置

（1）任务超时时间　如果无人机飞行时间超过任务时间限制，将自动返航。（默认值为 65535s；最小值 60s；最大值 65535s），在任务超时时间栏后面键入确切数值。

（2）循环　设置无人机是否进行循环飞行，包括 Start_to_End 和 Continuous 两种方式。其中 Start_to_End 是从起点到终点仅执行一次，Continuous 是从起点到终点重复执行多次，默认模式为 Start_to_End。在循环栏后面的下拉列表中选择任务执行模式。

（3）起始点　设置无人机起飞后第一个目标航点，默认起始航点索引为“0”。从起始点栏后面的下拉列表里现有的航点索引中选择起始航点。

（4）垂直最大速度　该限制是无人机在垂直方向上的绝对速度限制（单位为 m/s）。默认垂直方向速度为 1.5m/s，最大允许值为 5.0m/s。在垂直最大速度栏后面键入确切数值。

（5）设置所有航点参数　设置所有航点的海拔、速度、转弯模式、动作，上述四项设置一次后，则所有航点的属性都改变且一致，此时再对单一一个航点进行属性设置时，则单个航点的属性改变。

4. 生成扫描航线

从工具箱找到航线模板，打开航线模板命令框，如图 4-45a 所示。单击“添加区域”添加一个新区域，如图 4-45b 所示。可通过选中区域对角的航点图标并拖动它来改变区域大小。单击旋转区域，每单击一次旋转 30°，单击“向右 / 向左”按钮实现微调区域的旋转角度，每单击一次旋转 0.1°，如图 4-45c 所示。单击航线模板中任一模板生成航点，以扫描为例，如图 4-45d 所示。单击“导入到编辑列表”，以完成模板编辑，以扫描为例，如图 4-45e 所示。

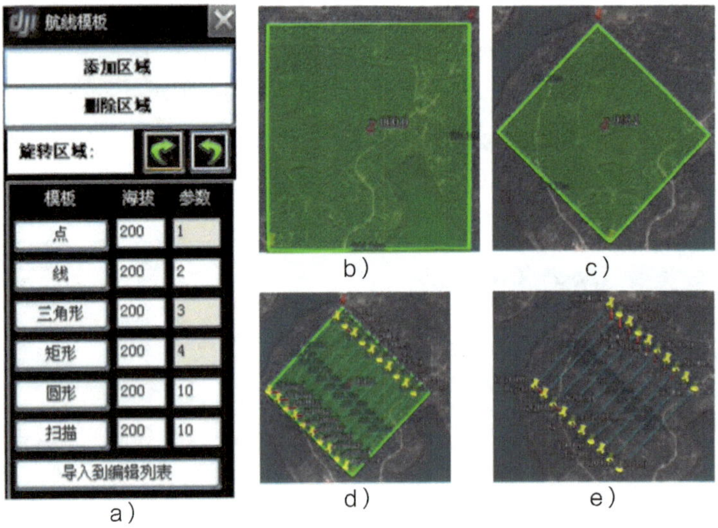

DJI 地面站航线规划

图 4-45　生成扫描航线设置

5. 保存和载入任务

保存任务时，单击“保存”，保存已编辑好的任务，以‘.awm’为后缀名命名文件，例如：DJI_Mission_20200101.awm；载入任务时，单击“打开”，选择已保存的任务文件，文件后缀名为‘.awm’。

注意事项：高度补偿值不保存在任务文件中，必须每次设置它。

知识点 8：上传飞行任务

检查和传送任务：单击任务编辑器底部的“上传”，将飞行任务发送给主控制器。单击“上传航点”后显示的任务预览，如图 4-46 所示，用于最后检查。单击“确认”，在成功同步后，可以开始执行任务。

航点	维度	经度	海拔	速度	转弯模式	高度差	动作模块
0	xxxxx	xxxxx	xxxxx	4	StopAndTurn	-10	NULL
1	xxxxx	xxxxx	xxxxx	6	StopAndTurn	20	定距
2	xxxxx	xxxxx	xxxxx	15	StopAndTurn	25	定时

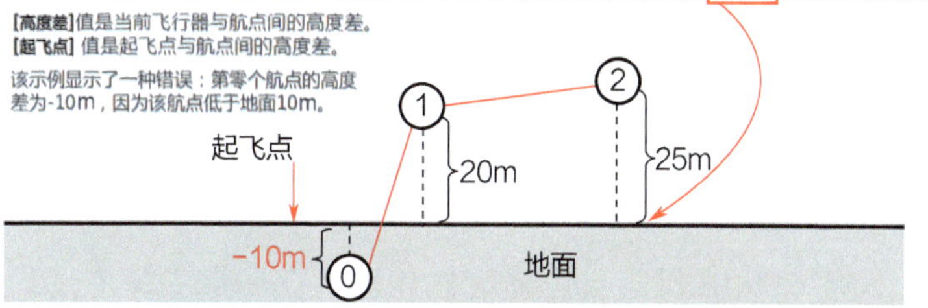

图 4-46　“上传航点”后显示的任务预览

注意事项：同步之后，如重新编辑任务，需要再进行一次同步操作。

知识点 9：无人机起飞

在完成上述所有步骤之后，可以使用的起飞方式有两种：自主起飞、手动起飞。

1. 自主起飞

选择自主起飞需要将遥控器切换成飞控模式，只有在切换之后，地面控制站才能控制无人机，并且只有在 GPS 星数满足要求的情况下才能切换。将遥控器的油门杆量打至最低，否则会提示无人机在地上；当油门杆不在最低位置时，请慎重切到手动模式。进入 GPS 巡航模式或者 GPS 姿态模式，在编辑器上单击“GO”命令，无人机将以缓慢速度起飞。

2. 手动起飞

手动模式起飞的无人机，需要使用遥控器控制无人机飞至合适高度进行悬停。

注意事项：无人机正在爬升至航点的高度，请把油门置于中位！当把油门杆量打至中位后该警告消失，该措施是为了防止不小心将飞行模式切换到手动模式或 GPS 姿态模式时，如果油门杆在最低位，会导致飞机自由落体。

知识点 10：无人机开始执行航线任务

1）在编辑器中单击“GO”，无人机将按照在飞行任务中所设置的航线自主飞行。

2）在任务执行期间，可以通过“编辑”，重新编辑航线任务。在任务编辑器中单击“编辑”，任务编辑器将返回到第一步编辑飞行任务所描述的状态中。

3）在任务执行之后，还可以通过单击“暂停任务”，无人机将缓慢减速并稳定地悬停在空中；再单击“继续”，无人机将重新开始执行未完成的任务。

知识点 11：无人机降落

当任务完成或无人机返航后悬停在视距内，使用地面控制站进行降落，降落的方式有两种，即通过地面控制站自主降落和使用遥控器手动控制降落。

1. 自主降落

单击“自主下降”，无人机会自主降落然后熄火。在自主降落过程中，可以按键盘的↑和↓键进行控制，或取消键盘控制以中止自主降落。自主下降过程中可以使用键盘的 W、S（俯仰），A、D（横滚），↑、↓（油门），←、→（偏航）键控制无人机进入一个合适的降落区域，或允许地面控制站自动选择一个合适的没有障碍物的降落区域。在无人机着陆后，继续按住↓键直到发动机完全熄火。

2. 手动降落

完成飞行任务准备降落时，使用地面控制站，单击“暂停”按钮，让无人机进入悬停状态，然后通过手动降落操控无人机，完成降落任务。

注意事项：单击“暂停”，然后选择键盘控制，才能进行自主下降控制。

任务核验

1. 熟悉 DJI 地面站软件的使用。

2. 完成工作单“实训任务 15　DJI 地面站航线规划训练”的内容。

任务 5　AheadX 地面站操控

任务目标

1. 熟悉 AheadX 地面站软件的安装与设备的连接方法。
2. 熟悉 AheadX 地面站软件各界面功能与使用。
3. 熟悉 AheadX 地面站软件航线任务的规划方法。
4. 熟悉 AheadX 地面站软件控制无人机自动飞行的操作步骤。

任务描述

无人机地面站有多种类型，不同的地面站有不同的使用方法，前面介绍了两款开源地面站和一款商业地面站，其使用方法也是大同小异。无人机地面站的目的是为了增强无人机自主作业的能力，使飞行任务更加简易并精确，同时也减少了无人机飞行事故的发生。本次任务我们以 AheadX 地面站为例，继续学习地面站的使用步骤和注意事项。

任务学习

知识点 1：任务准备

AheadX Space V3.0 软件安装。

1. 硬件要求

1）操作系统，Windows7 及以上版本。
2）处理器，双核 2.0GHz 或更高。
3）内存（RAM），4GB 或更高。
4）剩余硬盘空间，2GB（保存日志和离线地图，将需要更多空间）以上。
5）端口，USB2.0 或 USB3.0。
6）网络连接，需连接互联网以获取地图（或下载离线地图），使用远程协助。

2. 安装步骤

1）下载安装文件，双击运行安装文件，选择安装地址（非中文路径），如图 4-47 所示。

注意事项：不要安装到系统盘下，避免自动记录日志功能受到系统限制。

2）一直单击“Next”，直至结束安装，如图 4-48 所示。

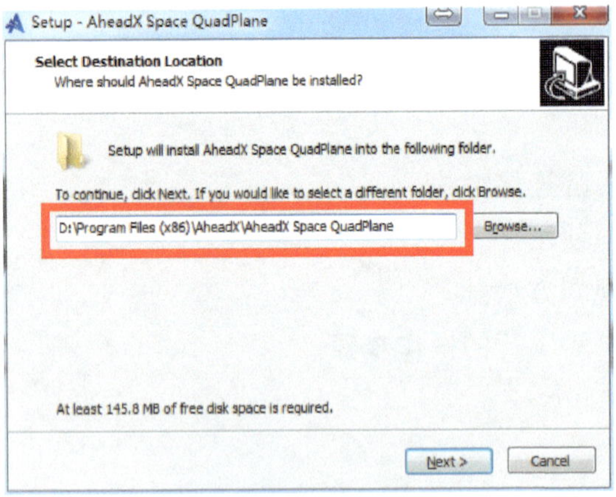

图 4-47　选择安装地址

图 4-48　结束安装

3）地面站授权方法。AheadX Space 新版本支持自动授权功能，连接飞控后会自动识别相应飞机类型，单击“参数同步”按钮，完成自动授权。

知识点 2：地面站界面介绍

1. 机型管理界面

软件启动后，进入机型管理界面，机型管理包括连接同步界面以及参数管理界面，如图 4-49、图 4-50 所示。

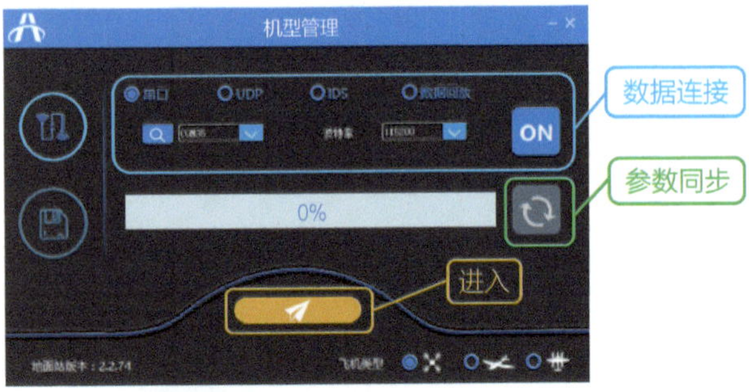

图 4-49　连接同步界面

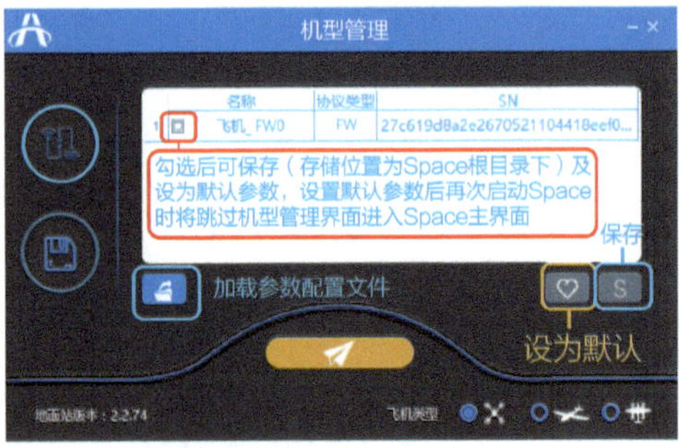

图 4-50　参数管理界面

2. 主界面

进入主界面后，整体背景将显示为地图，其他功能的操作面板及信息显示则分布在整个显示区域，如图 4-51 所示。包括 HUD、关键信息区、状态栏、飞行操作区、数据连接、编辑区、配置面板、地图操作区等。

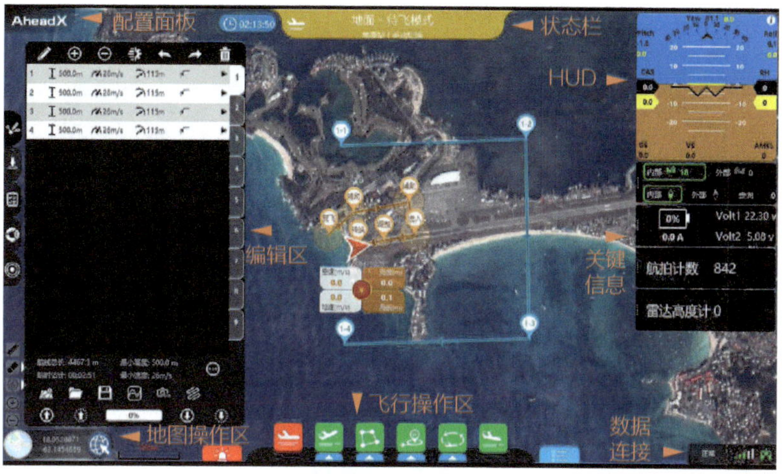

图 4-51　主界面

（1）HUD　HUD（Head-Up-Display）平视显示器用于将无人机的姿态、高度、速度等关键参数直观地显示在合适位置，方便地面站操作员实时观察掌握无人机状态，如图 4-52 所示。

（2）关键信息区　该部分为飞控关键信息显示，出于用户需求以及易用性考虑，该部分以磁贴的形式进行展示，用户可以自由选择需要关注的信息，并且可以自由拖动磁贴，根据关注优先级进行排布，如图 4-53 所示。

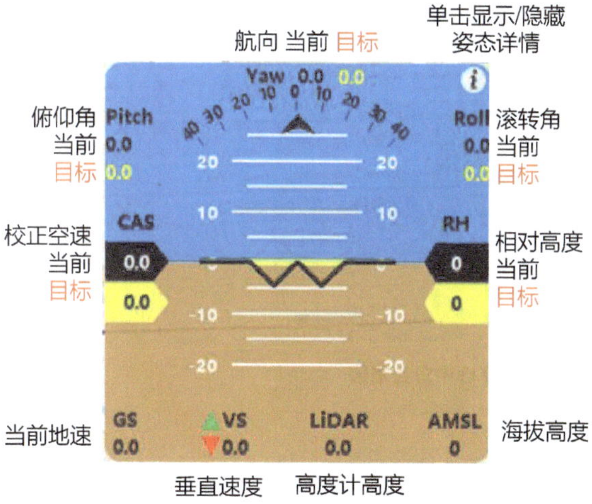

图 4-52　HUD 平视显示器

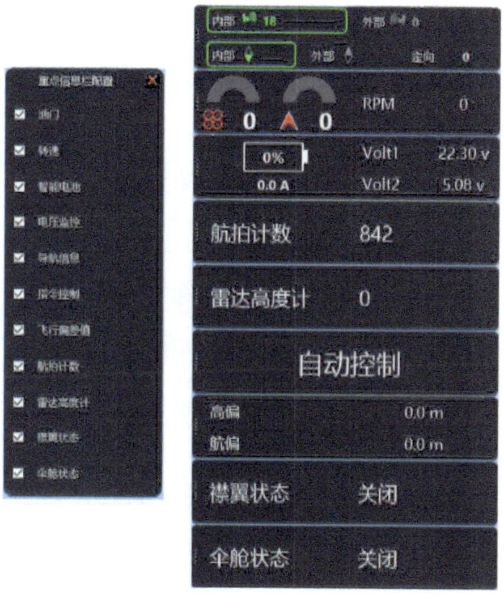

图 4-53　关键信息区

（3）状态栏　飞控状态区将会显示飞控当前模式状态，以及切换原因及应答信息等重要内容，如图 4-54 所示。

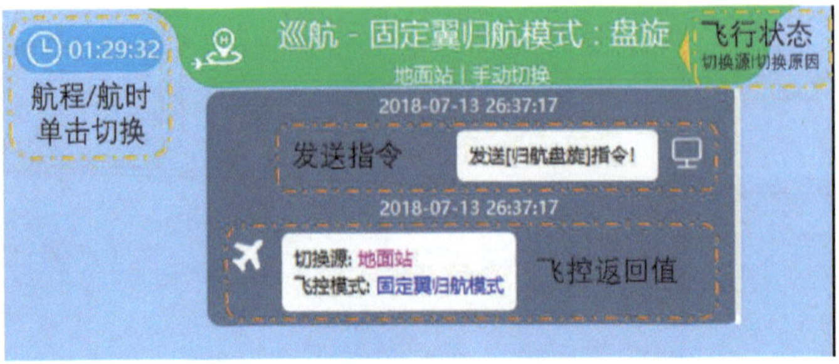

图 4-54 状态栏

（4）飞行操作区 飞行操作区是 AheadX Space 最主要的操作区域，用于控制飞控进行模式切换、参数调节、数据连接、信息查看等重要操作，如图 4-55 所示。Ahead Space V3.0 对飞行操作区进行了大量的简化和优化设计，用户界面更为简单友好，方便用户快速执行操作指令。

图 4-55 飞行操作区

（5）数据连接 本页面用于设置与飞控的数据连接方式及端口、辅助摇杆地面连接端口，如图 4-56 所示。

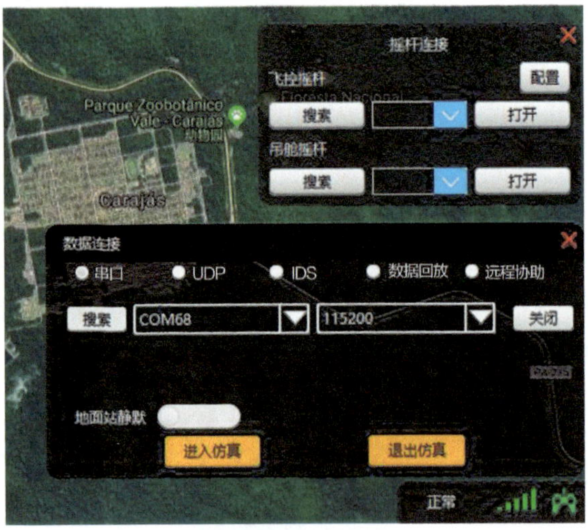

图 4-56 数据连接

（6）编辑区 编辑区包括任务航线编辑面板、降落航线编辑面板、起飞前检查面板、数据信息面板、动态回收面板。

1）任务航线编辑面板。规划编辑任务航线，并进行管理及上传下载等使用，如图 4-57 所示。AheadX Space 支持 9 条任务航线，每条航线支持 200 个航点。

2）降落航线编辑面板。LEO 支持滑跑起飞降落、弹射起飞开伞降落、弹射起飞滑跑降落三种起降方式，由此可通过参数设置扩展出手抛起飞、深失速降落等功能。通过权限定制，可开放阻拦网 / 索回收、动态回收等功能。

3）起飞前检查面板。

①任务登记：本页面用于登记人员及任务信息，如图 4-58 所示。

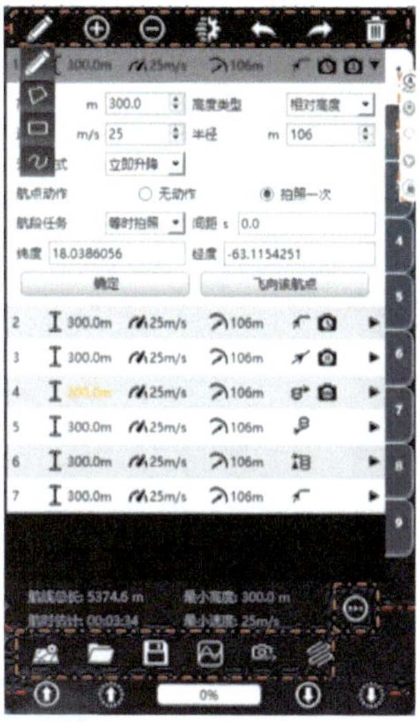

图 4-57　任务航线编辑面板

图 4-58　任务登记

②人工检查：此步骤需要地勤人员进行详细检查，如图 4-59 所示。

图 4-59　人工检查

③传感器状态：单击“开始检查”，将会自动判断传感器状态并给出反馈，如图 4-60 所示。

④磁罗盘状态：进入该检查界面将自动刷新磁罗盘信息，如果出现黄色的“磁参考超限”提示，可进行“一键校准”。如出现磁罗盘报红，显示有干扰，要先排查干扰源，如无干扰，进行磁罗盘高级校准操作，如图 4-61 所示。

图 4-60　传感器状态

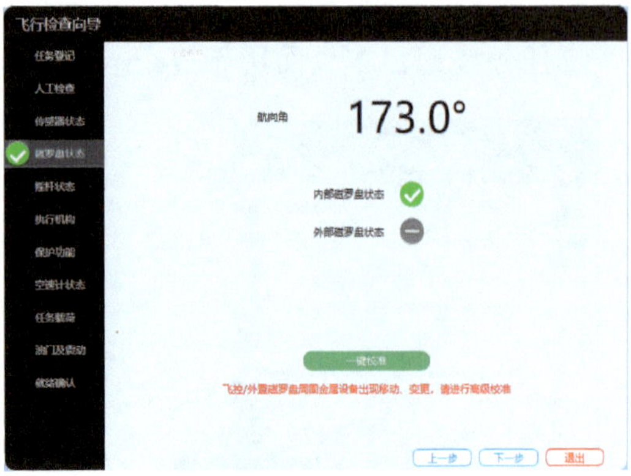

图 4-61　磁罗盘状态

⑤摇杆状态：自动检测摇杆连接状态，摇杆连接正常，显示杆量应与实际打杆一致，如图 4-62 所示。

⑥保护功能：打开该界面将自动刷新当前飞控保护参数，检查无误后，单击“一切正常”按钮，通过此检查，如保护参数设置错误，进入 Master 调参软件进行配置，如图 4-63 所示。

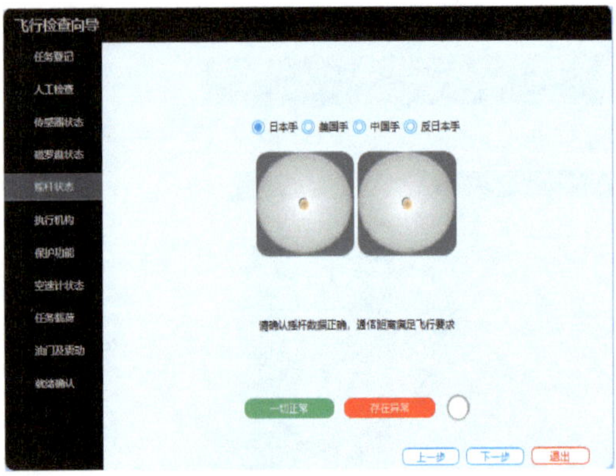

图 4-62　摇杆状态

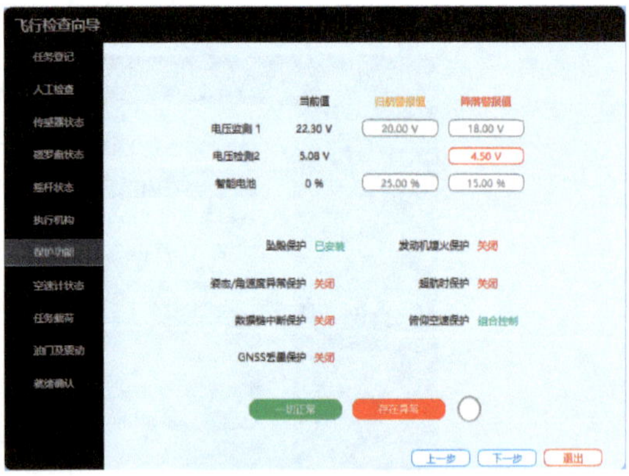

图 4-63　保护功能

⑦就绪确认：检查完成后单击“完成”按钮，弹出确认对话框，确认后生成起飞检查报告，生成位置：地面站软件根目录 /Report/TakeOffCheck，可直接打开查看，如图 4-64 所示。

（7）配置面板　对 AheadX Space 的一系列基本参数配置，可在配置菜单中查找并修改。按 Esc 键或者是鼠标单击图标，会弹出配置面板。

（8）地图操作区　地图操作区见图 4-65。

图 4-64　就绪确认

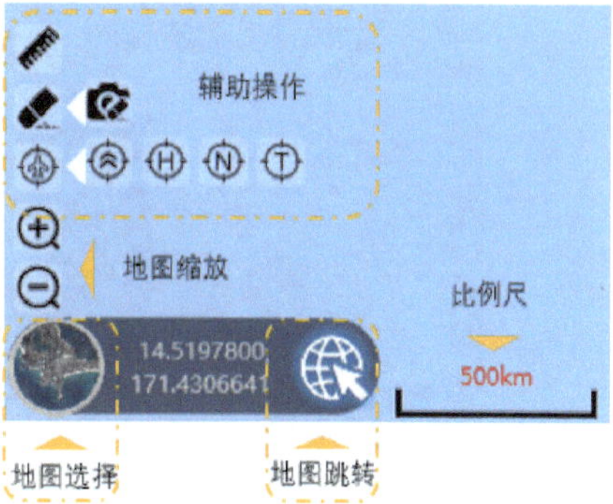

图 4-65　地图操作区

知识点 3：任务规划

1. 航点绘制

单击主界面左侧 按钮，弹出航线编辑面板，如图 4-66 所示。

单击 按钮后，光标变为十字形状，此时将光标移动至地图区域，单击鼠标左键进行单条任务航线规划，同时激活绘制信息提示。完成最后一个航点的绘制后，在地图任意位置单击鼠标右键，即可结束规划，如图 4-67 所示。

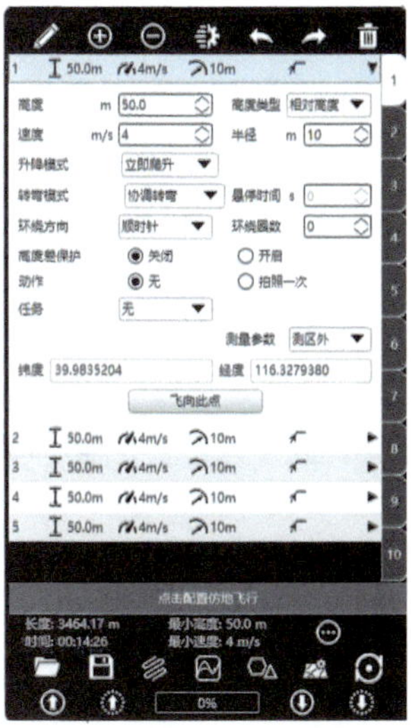

图 4-66　航线编辑面板

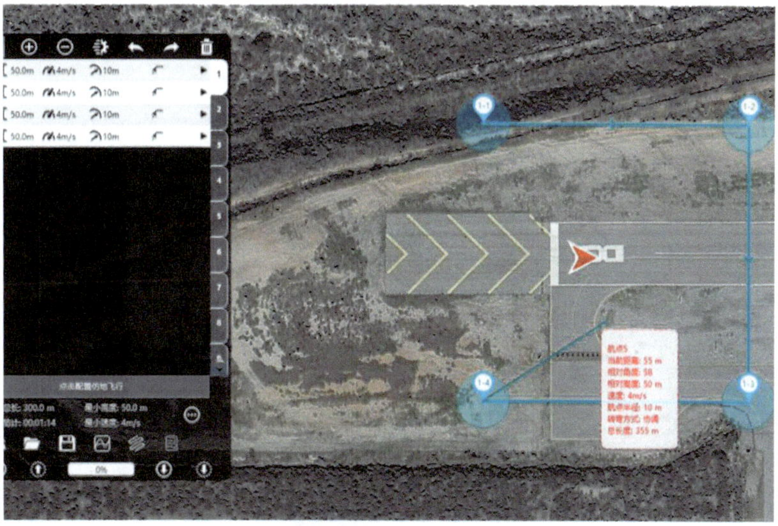

图 4-67　航线规划界面

（1）航点位置调整　在地图上选中并双击任意航点，出现整体调整框，鼠标移动到框内，按住左键可整体平移航线；鼠标移动到调整框边角圆点位置，此时鼠标将变为旋转标志，按住鼠标左键旋转航线，旋转中心为所有航点的几何中心（降落航线旋转中心为转换降落点），如图 4-68 所示。

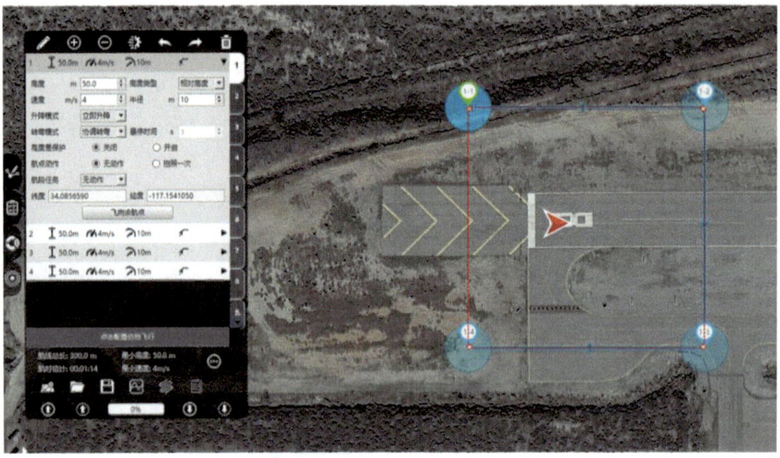

图 4-68 航点位置调整

（2）新增航点（图标为 ） 在地图上或者航线详情列表中选中某一航点，单击新增航点图标，将会自动在选中航点之前增加一个航点，所选中航点及之后的所有航点序号依次加 1。新增航点默认添加在当前点与前一点中间，可手动拖动新增航点到需要的位置。在第一个航点之前添加，默认位置在屏幕中央。

（3）删除航点（图标为 ） 在地图上或者航线详情列表中选中某一航点，单击删除航点图标，则会将选中的航点删除，选中航点之后的所有航点序号依次减 1。

（4）删除航线（图标为 ） 单击删除航线图标，则会清空当前航线的所有航点。

2. 航点属性调整

单航点信息从左到右依次显示为：序号、高度、速度、半径、升降模式、航段任务、航点任务等，详细描述见表 4-1。

表 4-1 单航点信息

项目	内容及含义
序号	标记航点序号
升降模式 1	立即升降：无人机将按照设定参数中最大上升下降速率调整到目标高度
升降模式 2	斜坡升降：无人机将沿着前一航点或当前位置与该航点的空间直线连线飞行，并调整高度，如果连线升降速率要求超过无人机设定参数中的最大上升下降速率，则根据设定参数进行高度调整，避免超过无人机性能
转弯方式 1	协调转弯：无人机到达目标航点时不悬停，飞行中通过调整姿态航向，前往下一目标点
转弯方式 2	到点转弯：无人机到达目标航点时悬停，在达到悬停时间后，调整航向并飞向下一目标点

（续）

项目	内容及含义
环绕	环绕方向：无人机绕圆飞行时的旋转方向 环绕圈数：无人机绕圆飞行时的圈数，为 0 时不绕圆飞行 环绕半径：无人机以航点为圆心，航点半径为圆，进行环绕飞行
高度差保护	选择开启高度差保护后，输入保护高度并上传航点后，飞行时的目标航点为该航点时，检测到目标高度与当前高度差值大于保护高度，且下降速度大于 2m/s 且持续 2s 以上，则触发坠毁保护
航点任务 1	不动作：不执行拍照动作
航点任务 2	拍照一次：无人机触及该航点半径时刻，立刻执行一次拍照动作
航段任务 1	不动作：继承上一个任务动作
航段任务 2	等距拍照：间隔相同距离执行拍照动作
航段任务 3	等时拍照：间隔相同时间执行拍照动作
航段任务 4	停止拍照：停止拍照任务动作
距离 / 时间	根据任务动作选择“等距拍照”“等时拍照”的不同，分别代表“间隔距离”，单位“m”；“间隔时间”，单位“s”的含义
高度	该航点目标高度，单位“m”
高度类型 1	相对高度：相对于从“待飞模式”切出所记录的地面高度所测量的高度，其测量来源为气压、加速度计、GNSS 融合高度
高度类型 2	海拔高度：相对于海平面的高度
速度	该航点目标速度，单位“m/s”。其测量来源为差压空速计。
半径	该航点有效半径，单位“m”。无人机触及该航点半径，即认为到达该航点，自动执行航点指定任务，并将目标航点切换至下一航点，执行转弯、高度、速度调整等动作
经度 / 纬度	基于 WGS84 的地理坐标系

3. 批处理操作

批处理操作（见图 4–69）内容及含义见表 4–2。

表 4–2　批处理操作内容及含义

项目	内容及含义
批量调整	对该航线所有航点参数进行直接修改，输入值即为修改值
增量调整	增量修改所有航点高度、速度、半径，输入正数为增加，输入负数为减小
其他	当前包含航线逆序操作，航线按照相反方向生成，航线末端航点变更为首端航点

4. 航线上传

单击航线编辑面板左下角箭头按钮上传航线，如图 4-70 所示。

AhedaX 地面站
航线规划

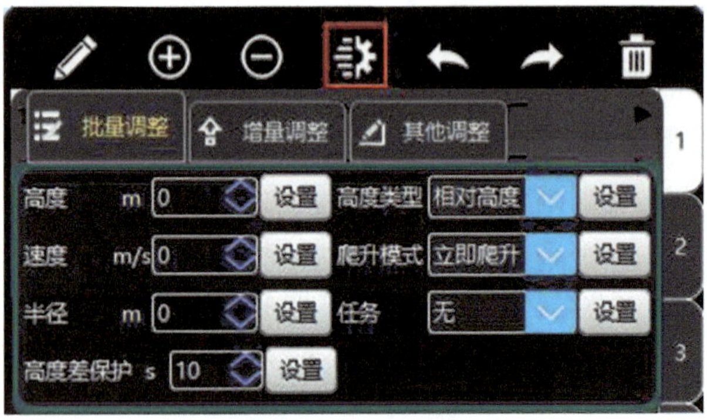

图 4-69 批处理操作

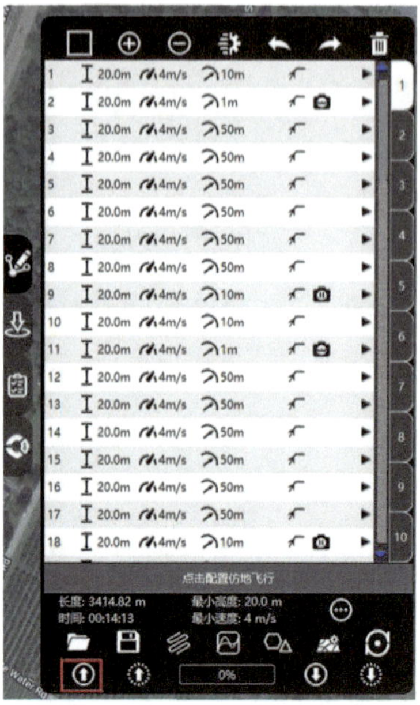

图 4-70 上传航线界面

5. 高程检查

编辑完成降落或任务航线后，在某些飞行环境中，需要使用航线高度检查，来进行飞行安全分析参考，最大可能避免碰撞高山等意外发生。

在航线编辑面板单击图标，开始高程检查。

航线绘制完成后，在航线编辑面板打开高程检查按钮，单击点选参考起飞点，在地图区选择起飞点位置，如图 4-71 所示。

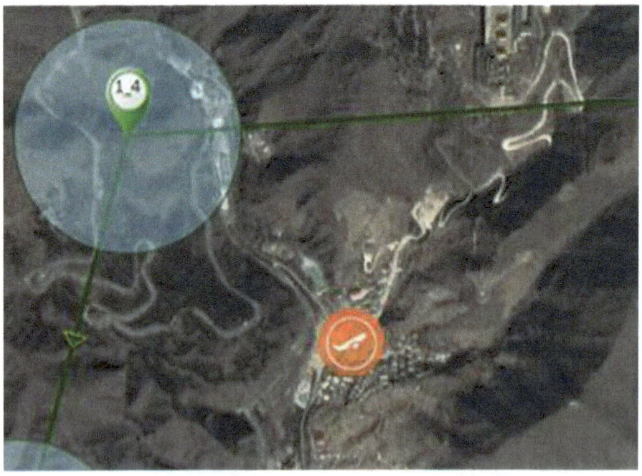

图 4-71 选择起飞点位置

单击“高程检查”，将自动根据选定的参考起飞点及航线高度参数，与地理海拔高度进行对比，并给出图表分析。此时分析数据将全部转化为海拔高度。单击右下角可全屏显示，如图 4–72 所示。

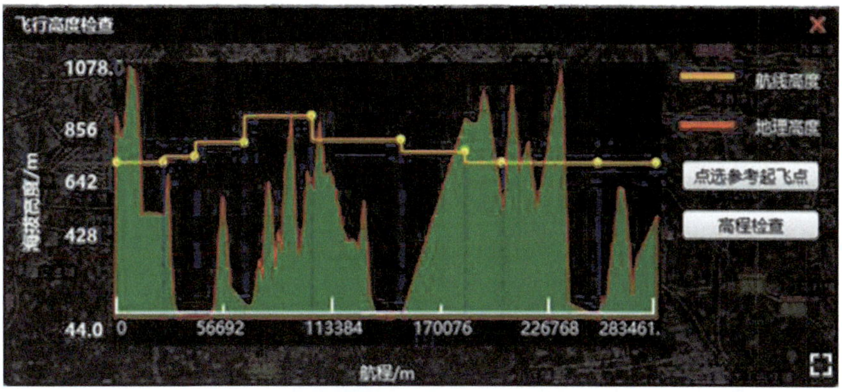

图 4–72　高程检查界面

知识点 4：自主飞行

完成遥控飞行起飞前检查项完成后，即可进行首次自动飞行。

1. 自动起飞

无人机爬升到预设高度后悬停，等待任务。

触发方式：在 Space 地面控制软件双击下图红框内起飞按钮，无人机将进入准备起飞模式，3s 后自动起飞，如图 4–73 所示。

图 4–73　自动起飞界面

2. 自动降落

如果当前飞行高度低于规则归航保护高度（默认 35m，可在调参软件 – 高级配置 – 降落参数页面配置），且无人机与起飞点距离大于 10m，无人机将爬升至该高度，然后飞往起飞点降落，否则保持当前高度飞往起飞点降落。

触发方式：

（1）手动触发　在飞行过程中，双击下图红框内绿色按钮，进入自动降落模式，如图 4–74 所示。

图 4-74　自动降落界面

（2）自动触发

1）航线结束模式设置为规则降落。

2）任意保护方式配置为规则降落。

3. 航线飞行

无人机将自动沿着预设的路径飞行，并执行航点 / 航段任务。

（1）触发条件　已成功上传航线至飞控，且无人机当前处于飞行状态。

（2）触发方式　单击下图红框内绿色按钮，在弹出的二级菜单中选择所要执行的航线及航点编号、循环圈数、结束后进入的状态，双击“立即执行”按钮，如图 4-75 所示。

图 4-75　航线飞行界面

4. 归航

无人机将飞往所设定的归航点悬停等待。触发方式有手动触发和自动触发。

（1）手动触发　在飞行过程中，双击下图红框内绿色按钮后进入归航模式；单击蓝色按钮配置归航点参数，如图 4-76 所示。

图 4-76　归航模式界面

（2）自动触发

1）航线结束模式配置为归航，执行完航线后将自动进入归航模式。

2）任意保护方式配置为归航。

5. 归航降落

无人机将保持当前高度飞往起飞点上空降落，如图 4-77 所示。触发方式有手动触发和自动触发。

（1）手动触发　在飞行过程中，双击归航降落按钮后进入归航降落模式。

（2）自动触发

1）航线结束模式设置为归航降落。

2）电量及电压二级保护。

3）任意保护方式配置为归航降落。

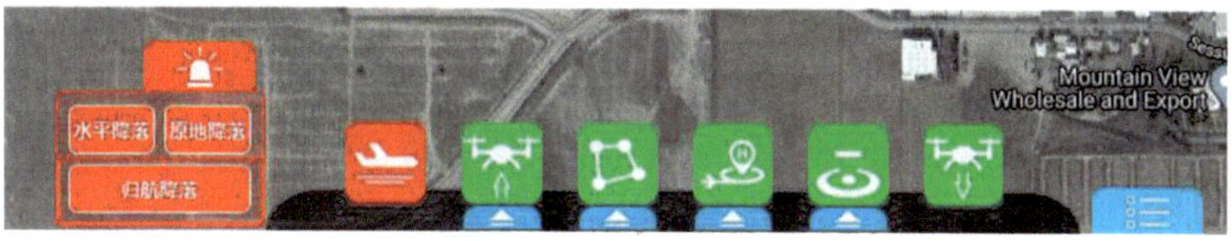

图 4-77　归航降落界面

任务核验

1. 熟悉 AheadX 地面站软件的使用。

2. 完成工作页“实训任务 16　AheadX 地面站航线规划训练”的内容。

项目 5　无人机虚拟仿真训练

虚拟仿真是使人沉浸在三维合成的环境中进行学习体验的仿真应用，虚拟仿真的基本原理是利用能反映现实情况的第一人称交互场景来开展训练、实验和研究。

在开展实际训练太昂贵或太危险的情况下，虚拟仿真比现场训练更可取，虚拟仿真还为创建现实世界中难以设置的训练场景提供了可能性。

虚拟仿真教学系统作为一项全新的教学手段，是将计算机模拟实验操作的过程与网络技术相结合，为无人机操控类实验教学、实验课考核及师生互动等提供了更加便利的条件，可以增加学生的学习兴趣，提高教学质量。随着行业的需求以及院校无人机相关专业在实训课程中的需要，急需一款能够积累实操经验且提升训练效率的虚拟仿真软件系统，可以完成无人机全产业链虚拟仿真教学，尤其是飞行实操训练，实飞前进行虚拟仿真训练可降低飞行事故率，从而达到更好的训练效果，保证操作人员的安全及设备的无端损耗。

本书中所用的无人机虚拟仿真软件，是一款面向学校及企业用户的无人机全产业链虚拟仿真教学系统，具备九大实训模块，涵盖无人机的设计生产、组装调试、飞行考试、航拍测绘、应急救援、电力巡检、物流配送、农林植保、数智集群等方面。本模块主要介绍虚拟仿真飞行训练及飞行考试模块。

任务 1　虚拟仿真软件介绍

任务目标

1. 能够安装并运行虚拟仿真软件。
2. 掌握虚拟仿真软件中飞行考试模块界面的功能与正确操作方法。

任务描述

2018 年，教育部提出了新工科的教学改革战略。在职业教育中，结合虚拟仿真技术进行虚拟仿真教学，已经成为教育改革的热点。教育者可以通过虚拟仿真技术，来深化无人机操控技术，快速而真实地向用户展现出无人机飞行所能达到的要求，同时实现教学改革的实践创新。

本任务主要介绍虚拟仿真技术的概念、虚拟仿真软件的安装与运行方法、软件界面的功能等。

任务学习

知识点 1：虚拟仿真技术

虚拟仿真又称虚拟现实技术或模拟技术，就是用一个虚拟的系统模仿真实系统的技术。从狭义上讲，虚拟仿真是指 20 世纪 40 年代伴随着计算机技术的发展而逐步形成的一类试验研究的新技术；从广义上来说，虚拟仿真则是在人类认识自然界客观规律的历程中一直被有效地使用着。由于计算机技术的发展，仿真技术逐步自成体系，成为继数学推理、科学实验之后人类认识自然界客观规律的第三类基本方法，而且正在发展成为人类认识、改造和创造客观世界的一项通用性、战略性技术。

目前，人们对仿真技术的期望也越来越高。过去，人们只用仿真技术来模拟某个物理现象、设备或简单系统；如今，人们能用仿真技术来描述复杂系统，甚至由众多不同系统组成的系统体系。这就要求仿真技术需要进一步发展，吸纳并融合其他相关技术。

虚拟现实（Virtual Reality）技术，简称 VR，是 20 世纪 80 年代新崛起的一种综合集成技术，涉及计算机图形学、人机交互技术、传感技术、人工智能等。它是由计算机硬件、软件以及各种传感器构成的三维信息的人工环境——虚拟环境，可以逼真地模拟现实世界（甚至是不存在的）的事物和环境，人投入到这种环境中，立即有“亲临其境”的感觉，并可亲自操作，自然地与虚拟环境进行交互。

VR 技术主要有三方面的含义：第一，借助于计算机生成的环境是虚幻的；第二，人对这种环境的感觉（视、听、触、嗅等）是逼真的；第三，人可以通过自然的方法（手动、眼动、口说、其他肢体动作等）与这个环境进行交互，虚拟环境还能够实时地做出相应的反应。

虚拟仿真技术，是在多媒体技术、虚拟现实技术与网络通信技术等信息科技迅猛发展的基础上，将仿真技术与虚拟现实技术相结合的产物，是一种更高级的仿真技术。虚拟仿真技术以构建全系统统一的、完整的虚拟环境为典型特征，并通过虚拟环境集成与控制众多的实体。实体可以是模拟器，也可以是其他的虚拟仿真系统，也可用一些简单的数学模型表示。实体在虚拟环境中相互作用，或与虚拟环境作用，以表现客观世界的真实特征。虚拟仿真技术的这种集成化、虚拟化与网络化的特征，充分满足了现代仿真技术的发展需求。

1. 虚拟仿真技术四个基本特征

（1）沉浸性（Immersion） 虚拟仿真系统中，使用者可获得视觉、听觉、嗅觉、触觉、运动感觉等多种感知，从而获得身临其境的感受。理想的虚拟仿真系统，应该具有能够给人所有感知信息的功能。

（2）交互性（Interaction） 虚拟仿真系统中，不仅环境能够作用于人，人也可以对环境进行控制，而且人是以近乎自然的行为（自身的语言、肢体的动作等）对其进行控制的，虚拟环境还能够对人的操作予以实时的反应。例如，当飞行员按动导弹发射按钮时，会看见虚拟的导弹发射出去并跟踪虚拟的目标；当导弹碰到目标时会发生爆炸，能够看到爆炸的碎片和火光。

（3）虚幻性（Imagination） 即系统中的环境是虚幻的，是由人利用计算机等工具模拟出来的。既可以模拟客观世界中以前存在过的或是现在真实存在的环境，也可模拟出客观世界中当前并不存在的但将来可能出现的环境，还可模拟客观世界中并不会存在的而仅仅属于人们幻想的环境。

（4）逼真性（Reality） 虚拟仿真系统的逼真性表现在两个方面：一方面，虚拟环境给人的各种感觉与所模拟的客观世界非常相像，一切感觉都是那么逼真，如同在真实世界一样；另一方面，当人以自然的行为作用于虚拟环境时，环境做出的反应也符合客观世界的有关规律。如当给虚幻物体一个作用力，该物体的运动就会符合力学定律，会沿着力的方向产生相应的加速度；当它遇到障碍物时，会被阻挡。

2. 虚拟仿真技术应用

（1）数字城市　虚拟现实技术可以通过三维建模，逼真地模拟现在和未来的城市，支持数据分析、方案论证和优化，支持地理信息系统等，通过这些详实的数据和相关资料可以直观真实地进行方案评估、审核以及管理等日常工作，更为重要的是它可以为多部门参与和协同工作提供有效的平台。

（2）场馆仿真　利用虚拟现实技术，通过计算机将在建或已建的场馆虚拟出来，达到一个触手可及的真实三维环境，以提前展示场馆面貌，供市民浏览，从而对场馆的规划设计进行现场评估。通过市民虚拟游览后的反馈意见，及时发现并解决场馆存在的问题。

（3）地产漫游　地产漫游是集影视广告、动画、多媒体、网络科技于一身的最新型的房地产营销方式。通过虚拟现实技术可以让购房者看到直观的样板房形象，让购房者在计算机上亲眼看到几年后才能建成的小区，观赏到优美的小区环境设计，甚至能够在计算机上选户型，从而帮助地产开发商在逆境中求生存，顺境中谋发展。

（4）室内设计　虚拟现实不仅仅是一个演示媒体，而且还是一个设计工具。它以视觉形式反映了设计者的思想，把这种构思变成看得见的虚拟物体和环境，使以往传统的设计模式提升到数字化的即看即所得的完美境界，大大提高了设计和规划的质量与效率。

（5）旅游教学　旅游和导游专业的教学过程中，存在实习资源匮乏而实地参观成本又高的难题。虚拟现实技术可以按照旅游专业的教学要求和实施特点，开发出适用于导游实训、旅游模拟、旅游规划的功能和模块，让师生足不出户，就能在三维立体的虚拟环境中遍览遥在万里之外的风光美景。形象逼真，细致生动，从而，通过情景化的学习界面、人机交互式的模拟旅游体验，改善教学环境、优化教学过程、增强教学效果。

（6）文物古迹　虚拟现实技术可以将文物建筑、文物景点、文物物品、古代人像及行为、古代自然现象及天体现象等进行虚拟展示和虚拟复原，从而使文物脱离地域限制，实现资源共享，真正成为全人类可以“拥有”的文化遗产。

（7）工业仿真　虚拟现实仿真平台，具有强大的物理实时计算功能，能够真实模拟场景重力、环境阻尼等环境特性，真实的模拟刚体动力学特性，并提供了多种动力学交互手段，能支持多种高速运算的碰撞替代体。广大工业仿真用户轻而易举将此前许多只能停留于想法的创意方案完美的呈现于眼前，为国内广大工业仿真用户带来了仿真手段和技术实现水平的革命性进步。

（8）汽车仿真　虚拟现实高画质渲染技术及汽车动力学仿真物理系统，使汽车设计的数字化模型以更直观的方式在网络上展示出来，使世界各地的用户都可以更快捷得到丰富准确的信息，实现人与计算机之间无缝连接。

（9）道路桥梁　虚拟现实平台依靠其精美绝伦的三维视觉表现力，照片级的真实效果，使设计中的道路桥梁直观地呈现在人们面前，使得我们可以提前对其视觉效果和使用效率进行评估和预演，可有效降低设计和施工风险，极大提高了设计和施工效率。

（10）油田矿井　在建立油田生产和管理流程优化应用模型的基础上，利用虚拟现实技术对数据实现可视化和多维表达，并且通过智能化分析模型，为企业的经营管理提供良好的信息支撑。

（11）水利电力　虚拟现实平台可以与电力信息系统紧密结合，逼真再现变电站现场场地、变压器、母线、断路器、隔离开关、接地刀闸、操作机构、电压互感器、电流互感器、电抗器、电容器、高压熔断器、站用变压器等一次设备的操作过程和设备运行状态，从而为电力行业提供可视化系统解决方案。

（12）数字展馆　虚拟现实技术可以与科技馆的功能完美的结合，充分发挥虚拟科技馆的种种优势，传统的声、光、电展览已经很难吸引观众的兴趣，而利用虚拟现实技术把枯燥的数据变为鲜活的图形，使科技馆进入公众可参与交互式的新时代，引发观众浓厚的兴趣，从而达到科普的目的。

（13）地质灾害　虚拟现实仿真平台可以实现水利工程仿真、地震应急救援仿真、地震应急推演仿真、地质灾害仿真，实现地质灾害虚拟环境功能与展示的完美结合，通过在虚拟的环境中进行预防地质灾害的模拟演练，达到提升防灾、避灾安全意识的目的。

（14）应急预案　应急虚拟现实仿真演练系统通过对各类灾害数值模拟和人员行为数值模拟，在虚拟空间中仿真灾害发生、发展的过程，以及人们在灾害环境中可能做出的各种反应；并在演练平台上，在最大限度仿真实际灾害的条件下，开展应急演练。在此基础上，制订各类企事业单位的数字化应急预案。应急仿真演练系统可以用来训练各级决策与指挥人员、事故处置人员，也可以用来发现应急处置过程中存在的问题，检验和评估应急预案的可操作性和实用性，提高应急能力。

（15）网上展馆　虚拟现实网上三维交互功能可以将有形的实物产品三维化并且放在网上进行虚拟展示，还能嵌入相应音频和视频等多媒体元素，用户可以对虚拟场景中的物品进行实时的交互操作，例如开门、打开电视和播放音乐等。相比目前网上主流的以图片、Flash、视频等展示方式来说，VRPIE（三维网络平台）让用户有了浏览的自主感，可以以自己想看的角度去观察，还可以添加许多特效和互动操作，让用户体验身临其境上网冲浪的美妙感觉。

（16）网上看房　虚拟现实网上三维交互功能可以虚拟房屋设计，展现独特的设计风格，使客户足不出户就可对房屋的全貌了如指掌，互动浏览，可以任意变换自己在房间中的位置，去观察设计的效果，了解房屋的精心布局。可以实现房屋三维户型图全景展示，使客户全面了解房屋内部结构，走进虚拟现实样板房。

（17）网上产品　虚拟现实技术能够虚拟各类产品，以一种全新的方式演绎各类产品，使客户全方位、全角度的了解最新产品。实现产品在互联网上的全新展示，让客户提前体验产品功能，更清楚的了解产品的特性及结构。将销售产品做成在线三维的形式，顾客通过观察和操作能够对产品有更加全面的认识了解，决定购买的概率必将大幅增加，为销售者带来更多的利润。

（18）网上看车　虚拟现实技术，也是对汽车的一种全新演绎方式。通过虚拟现实仿真平台可以实现网上看车及交互功能，提供使用者关于视觉、听觉、触觉等感官的模拟，及时、没有限制地观察三维空间内的汽车。

目前来看，虚拟仿真技术市场需求很大，尤其在无人机全产业链虚拟仿真教学系统领域，而供应方面却略显不足，尤其是拥有核心知识产权、技术过硬的企业并不多，行业整体缺乏品牌效应。

知识点 2：虚拟仿真任务准备

1. 硬件要求

需要准备一台 Windows 系统的笔记本或台式计算机，用于安装虚拟仿真软件；准备一套深圳市富斯科技有限公司（以下简称富斯）旗下的遥控器系统 FS-i6S，如图 5-1 所示；外加一套安卓接口数据线，用于连接遥控器与计算机。

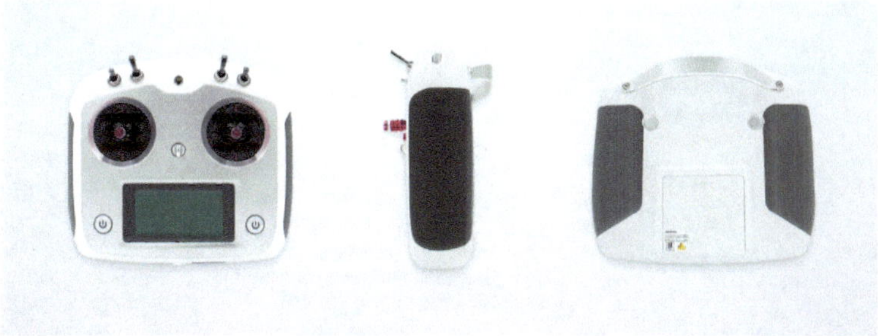

图 5-1　FS-i6S 遥控器

2. 计算机配置要求

（1）操作系统　Windows7 及以上版本。

（2）处理器　双核 2.0GHz 或更高。

（3）内存（RAM）　8GB 或更高。

（4）剩余硬盘空间　2GB 以上。

（5）端口　USB2.0/USB3.0。

3. 虚拟仿真软件下载

首先进入虚拟仿真官方网站 http：//www.yyhkjt.com/。进入到虚拟仿真实训中心的飞行考试模块，如图 5-2 所示。在飞行考试模块界面中，单击“客户端下载”进行下载。

图 5-2　飞行考试模块

4. 虚拟仿真软件安装与运行

将下载的压缩文件进行解压缩，双击“无人机全产业链虚拟仿真教学系统 .exe”图标，即可打开无人机全产业链虚拟仿真教学系统，如图 5-3 所示。

虚拟仿真软件的下载与安装

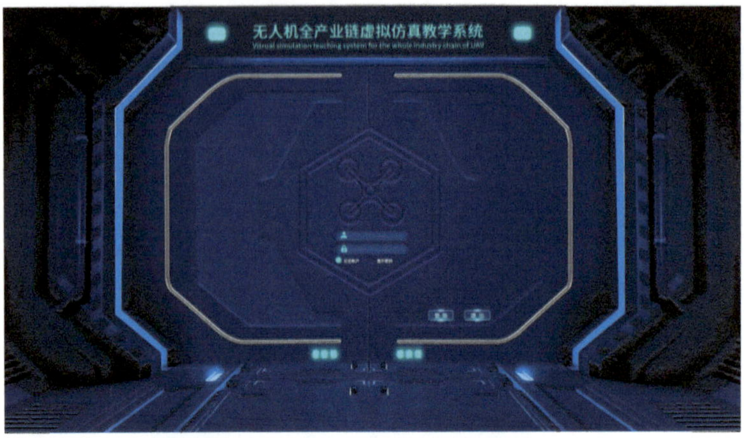

图 5-3 无人机全产业链虚拟仿真教学系统

知识点 3：无人机全产业链虚拟仿真教学系统软件介绍

1. 系统主界面

通过登录账号进入主界面，目前，此款无人机全产业链虚拟仿真教学系统共有飞行考试、设计生产、组装调试、航拍测绘、应急救援、电力巡检、农林植保、智慧集群、物流配送九大模块，如图 5-4 所示。

图 5-4 系统主界面

本书主要介绍飞行考试模块部分，飞行考试模块旨在为学生提供真实的工业级无人机飞行体验与相应考核标准，学生经过前期的无人机视距内飞行操控训练，可以直接通过本套系统进行专项强化，尤其可以针对“原地自旋”与“水平 8 字”两项重要科目进行加强训练，可以有效克服现阶段无人机飞行考试中该科目训练难度大的劣势。该套系统具有模拟仿真程度高、学生上手容易、训练效果好等特点，弥补了行业内无人机考证培训只能使用真机进行飞行训练的不足，大大提高了飞行训练效率，降低了“炸机”的可能性。

2. 训练模式主界面

训练模式界面下有无人机机型的选择、难度等级的设置等内容。

（1）机型选择　机型包括以 ZT-EM1000 为代表的工业级多旋翼无人机（见图 5-5），以 ZT-EM380 为代表的教学用多旋翼无人机（见图 5-6），以及无人直升机（见图 5-7）。

图 5-5　ZT-EM1000 工业级多旋翼无人机

图 5-6　ZT-EM380 教学用多旋翼无人机

图 5-7 无人直升机

（2）难度等级　包括初级、中级、高级三项，如图 5-8 所示。

1）初级和中级难度科目，包括定点对尾悬停、定点对头悬停、定点对左悬停、定点对右悬停、定点八位悬停、360° 自旋、水平 8 字、定点降落等科目。

2）高级难度科目，包括定点对尾悬停、定点对头悬停、定点对左悬停、定点对右悬停、定点八位悬停、360° 自旋、逆时针 360° 自旋、水平 8 字、逆时针水平 8 字、定点降落等科目，如图 5-8 所示。在选择完了机型之后，具体每一种难度科目的选择可直接通过鼠标完成，然后单击右下角的“开始训练”图标，即可跳转到相应训练科目的界面（见图 5-5）。

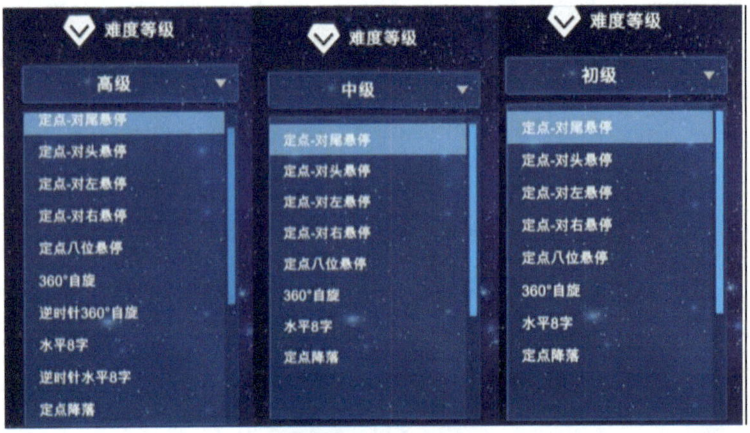

图 5-8 难度等级

3. 考试模式主界面

考试模式主界面下有无人机机型的选择、难度等级的设置等内容，如图 5-9 所示。其中包括多旋翼无人机 ZT-EM1000 和 ZT-EM380、无人直升机。难度等级只有两项内容，即 360° 自旋与水平 8 字。

图 5-9　考试模式主界面

4. 训练模式分界面

以 ZT-EM1000 工业级多旋翼无人机高级难度等级下的水平 8 字训练为例，其余机型的训练科目与此类似。进入到界面后，正前方即为 ZT-EM1000 工业级多旋翼无人机和由立锥构成的“8 字”。左上角有整个场地的俯视图，即“小地图”，可以实时显示当前无人机的飞行轨迹，方便用户查看当次飞行训练效果，如图 5-10 所示。

图 5-10　训练模式分界面

1）在“小地图”下方，依次有“帮助”“环境配置”“模式切换”“人称切换”“系统设置”“音量”等选项，如图 5-11 所示。

图 5-11　选项界面

①帮助，主要包括关于软件的介绍和遥控器的示意图，方便用户对于整套系统的了解，单击右上角的绿色“×”图标即可关闭此功能弹窗，如图 5-12 所示。

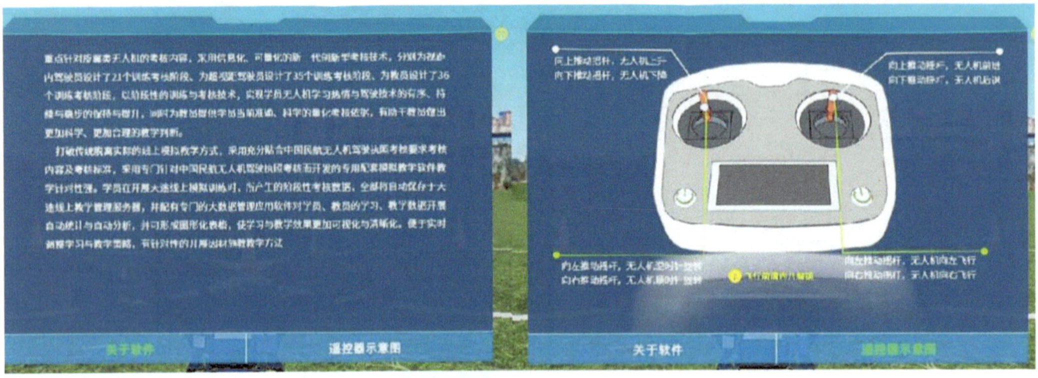

图 5-12 帮助界面

②环境配置，主要包括远洋飞场、城市、沙滩、自然等四种场景的切换，既可以满足绝大部分无人机实际飞行场景的需要，又可以使得用户在训练的过程中充分感受不同场景的视觉体验，避免视觉疲劳，如图 5-13 所示。

图 5-13 环境配置界面

③人称切换，包括第三人称视角与第一人称视角之间的切换。

④系统设置，主要包括无人机飞行速度、环境亮度、机翼透明度，以及画质切换等功能的设置，如图 5-14 所示。

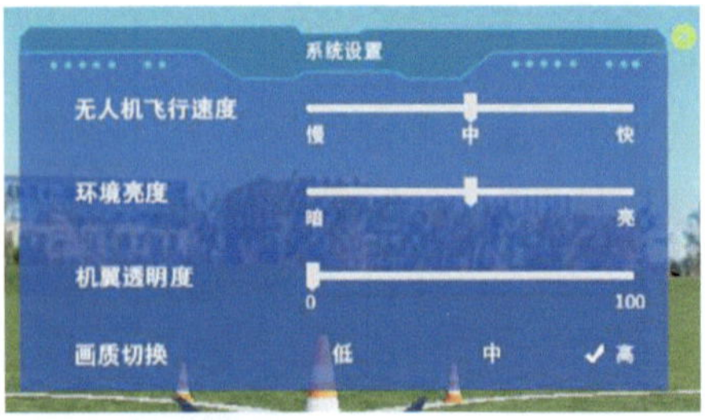

图 5-14 系统设置界面

⑤音量，无人机全产业链虚拟仿真教学系统的飞行考试模块，配备全程模拟无人机实飞音效，

而音量的大小可以通过鼠标滑动滑块进行设置。

2）在功能菜单列表下有状态及参数列表，显示当前帧率、速度、高度、航向、当前科目与机型等信息，右上角绿色“×”图标用于关闭此状态栏，如图 5-15 所示，也可通过如图 5-16b 所示弹窗进行关闭。

3）如果想要返回上一级界面，单击如图 5-16a 所示图标，或单击如图 5-16c 所示图标直接退出程序。

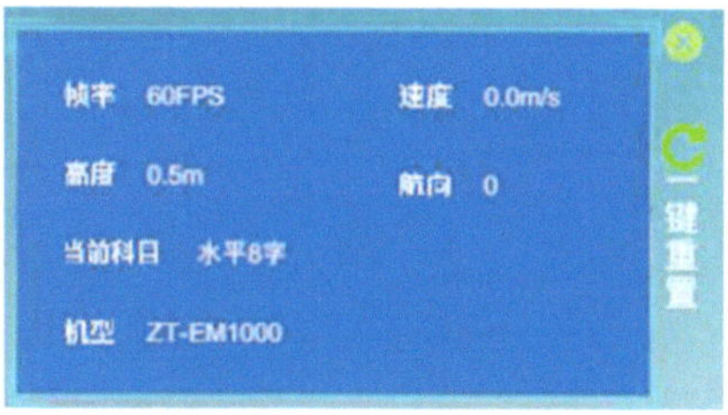

图 5-15　关闭状态栏界面

a）返回上一级界面　b）通过弹窗关闭　c）退出程序界面

图 5-16　返回上一级、关闭状态栏、退出程序界面

5. 考试模式分界面

考试模式分界面下的基本内容，与训练模式分界面下的基本相同，只不过在考试模式下，左上角的小地图不可用，没办法实时查看当前飞行轨迹，只能通过前期训练进行方位的准确判断；另外，考试模式外加悬停、考核倒计时以及评分功能，要求在规定时间内完成相应动作，完全遵照实际飞行，如图 5-17 所示。

图 5-17　考试模式分界面

任务核验

1. 下载并安装、运行无人机虚拟仿真教学系统。

2. 熟悉无人机仿真教学系统软件飞行考试模块的基本设置与使用方法。

任务2　虚拟仿真训练及考核

任务目标

1. 通过虚拟仿真软件完成无人机对尾、对侧、对头的悬停训练。
2. 通过虚拟仿真软件完成无人机 360° 自旋与水平 8 字模拟考核。

任务描述

在进行了视距内无人机的飞行操控训练之后，根据自身实际情况，通过无人机虚拟仿真软件的训练模式进行强化训练，或直接进行原地 360° 自旋与水平 8 字科目的模拟考核。

通过前面的模拟器单双通道进行基本飞行科目的训练之后，再在虚拟仿真系统上先进行适应性训练，之后进行户外实训，确保训练效果，再回到虚拟仿真软件上进行模拟考核，以此达到降低失误率、提高飞行控制能力，以更高的标准完成相关无人机飞行考试。

任务学习

知识点1：训练模式

训练模式中包含的机型有 ZT-EM1000 工业级多旋翼无人机、ZT-EM380 教学用多旋翼无人机、无人直升机等，用户可根据应用场景及自身基础择优选择；训练模式中的难度等级包含初级、中级、高级三个级别，不同的难度等级对应的操控方式与训练技巧也不尽相同，初级与中级难度的主要训练科目包括定点对尾悬停、定点对头悬停、定点对左悬停、定点对右悬停、定点八位悬停、360° 自旋、水平 8 字、定点降落等，高级难度外加逆时针 360° 自旋与逆时针水平 8 字。

1. 定点对尾悬停训练科目

无人机头部朝前，尾部对着屏幕，能够在一定高度的空中悬停，让多旋翼无人机保持空间位置基本不变的状态飞行 10s 以上，其左、右偏移不超过一个机身，其上、下没有明显变化。对尾悬停主要通过试舵量，感受无人机的反应，微小舵量操控，前后左右平移。

通过升降舵控制多旋翼无人机水平前后飞行，通过副翼舵控制多旋翼无人机水平左右飞行，体会摇杆的移动距离和无人机实际位置，姿态改变之间的比例关系。

前后俯仰摇杆，体会遥杆的移动距离和无人机实际位置、姿态改变之间的比例关系，同时适应略微俯视的视角。逐渐减小打舵量和频率，用最少的操控次数，使无人机悬停在目标点上，如图 5-18 所示。

图 5-18　定点对尾悬停

2. 定点对头悬停训练科目

与定点对尾悬停相反，定点对头悬停无人机尾部朝前，头部对着屏幕，能够在一定高度的空中悬停，让多旋翼无人机保持空间位置基本不变的状态飞行 10s 以上，其左、右偏移不超过一个机身，其上、下没有明显变化。对头悬停主要通过试舵量，感受无人机的反应，微小舵量操控，前后左右平移，如图 5-19 所示。

图 5-19　定点对头悬停

3. 定点对左悬停训练科目

在小舵量操控无人机对尾悬停的基础上，加入方向舵，多旋翼无人机机头逆时针旋转 90°，使无人机左侧面对屏幕。体会旋转过程中无人机的移动轨迹，无人机旋转到左侧正对屏幕的位置，然后停止旋转，把无人机停在目标上，尝试副翼舵和升降舵控制多旋翼无人机的移动姿态，如图 5-20 所示。

图 5-20　定点对左悬停

4. 定点对右悬停训练科目

在小舵量操控无人机对头悬停的基础上，加入方向舵，多旋翼无人机机头逆时针旋转 90° ，使无人机右侧面对屏幕。体会旋转过程中无人机的移动轨迹，无人机旋转到右侧正对屏幕的位置，然后停止旋转，把无人机停在目标上，尝试副翼舵和升降舵控制多旋翼无人机的移动姿态，如图 5-21 所示。

图 5-21 定点对右悬停

5. 定点八位悬停训练科目

在 8 字飞行航线上有七个基本桩点，无人机在实际飞行时，每个基本桩点对应八个不同朝向，训练时需将无人机飞到每个桩点对应的不同朝向上进行悬停训练。在飞行操控过程中到达预定位置后，高度不能有明显变化，无人机左右前后不能发生明显漂移，航向角不能偏移。

6. 360° 自旋

执行起飞操作，飞到 8 字中心立锥处保持无人机对尾悬停，保持当前高度，操控航向摇杆，使无人机在立锥正上方向左水平匀速持续旋转，副翼摇杆和升降摇杆相互配合，使无人机不要偏离起降点正上方半个机架距离，速度不宜过快，旋转一周用时 8s 以上。完成后使无人机进入对尾悬停状态。

保持当前高度，操控航向摇杆，使无人机在立锥正上方向右水平匀速持续旋转，副翼摇杆和升降摇杆相互配合，使无人机不要偏离起降点正上方半个机架距离，速度不宜过快，旋转一周用时 8s 以上。完成后使无人机进入对尾悬停状态，如图 5-22 所示。

7. 水平 8 字

执行起飞操作，将无人机飞至航线第 1 点位并保持无人机对尾悬停，保持当前高度，操控升降摇杆且微打左方向舵，同时副翼舵配合控制位置，使无人机执行边前飞、边左转的动作，保证无人机始终沿圆弧形航线匀速飞行，在到达第 2 点位上空时，机身左侧朝向屏幕，继续推升降摇杆同时左打方向舵，同时副翼舵配合控制位置，使无人机继续执行边前飞、边左转的动作，保证无人机始终沿圆弧形航线匀速飞行，在到达第 3

图 5-22 360° 自旋

点位上空时，机头朝向屏幕，同样操作飞至第 4 点位时机身右侧朝向屏幕，同样操作飞回第 1 点位。

继续保持当前高度，操控升降摇杆且微打右方向舵，同时副翼舵配合控制位置，使无人机执行边前飞、边右转的动作，保证无人机始终沿圆弧形航线匀速飞行，在到达第 5 点位上空时，机身右侧朝向屏幕，继续推升降摇杆同时右打方向舵，同时副翼舵配合控制位置，使无人机继续执行边前飞、边右转的动作，保证无人机始终沿圆弧形航线匀速飞行，在到达第 6 点位上空时，机头朝向屏幕，同样操作飞至第 7 点位时机身左侧朝向屏幕，同样操作飞回第 1 点位。完成匀速水平 8 字训练。将副翼摇杆和升降摇杆相互配合，并执行降落操作，如图 5-23 所示。

图 5-23 水平 8 字

8. 定点降落训练科目

做完各项科目动作后，必须降落在起飞点，机尾正对屏幕进行降落，无人机在触地时不能回弹跳动，机体不能倾斜移动触地，如图 5-24 所示。

图 5-24　定点降落

知识点 2：考核模式

进入考核模式后，可以选择不同的机型，目前以 ZT-EM1000 为例，考核模式下的难度等级，包含视距内驾驶员与超视距驾驶员两种；不同的难度等级，对应的飞行考核要求不同。考核模式中含有评分系统（依据民航局无人机驾驶员执照考试等级实际要求），分数设定有 0 分、60 分、70 分、80 分、90 分、100 分六个梯度。考核模式中有 360° 自旋、水平 8 字两个科目，可以满足绝大多数无人机相关考核要求。

目前针对的考试类型，可以包括 AOPA 民用无人机驾驶员合格证、民航局无人机驾驶员执照、1+X 职业等级证书、UTC 操作手合格证考试等。尤其是“水平 8 字”训练功能，更是针对现阶段无人机行业飞行考试中训练难度大的特点，具有模拟仿真程度高、上手容易、训练效果好等特点，弥补了行业内无人机考证培训只能使用真机进行飞行训练的不足，大大提高了飞行训练效率，降低了“炸机”的可能性。

虚拟仿真考试模块使用说明

1. 360° 自旋

进入 360° 自旋考核模式后，左上方的小地图处于不可用状态，具体的飞行操控手法与训练模式中的基本相同。执行起飞操作，飞到 8 字中心立锥处保持无人机对尾悬停，保持当前高度，操控航向摇杆，使无人机在立锥正上方向左水平匀速持续旋转，副翼摇杆和升降摇杆相互配合，使无人机不要偏离起降点正上方半个机架距离，速度不宜过快，旋转一周。完成后，使无人机进入对尾悬停状态。

在整个考核过程中，有 120s 的时间限制，要在规定时间内完成相应动作，最后弹出考核成绩与考核是否通过对话框，如图 5-25 所示。

多旋翼 360°自旋考核

图 5-25 360° 自旋考核

2. 水平 8 字

进入水平 8 字自旋考核模式后，左上方的小地图处于不可用状态，具体的飞行操控手法与训练模式中的基本相同。执行起飞操作，将无人机飞至航线第 1 点位并保持无人机对尾悬停，保持当前高度，操控升降摇杆且微打左方向舵，同时副翼舵配合控制位置，使无人机执行边前飞、边左转的动作，保证无人机始终沿圆弧形航线匀速飞行，在到达第 2 点位上空时，机身左侧朝向屏幕，继续推升降摇杆同时左打方向舵，同时副翼舵配合控制位置，使无人机继续执行边前飞、边左转的动作，保证无人机始终沿圆弧形航线匀速飞行，在到达第 3 点位上空时，机头朝向屏幕，同样操作飞至第 4 点位时机身右侧朝向屏幕，同样操作飞回第 1 点位。

继续保持当前高度，操控升降摇杆且微打右方向舵，同时副翼舵配合控制位置，使无人机执行边前飞、边右转的动作，保证无人机始终沿圆弧形航线匀速飞行，在到达第 5 点位上空时，机身右侧朝向屏幕，继续推升降摇杆同时右打方向舵，同时副翼舵配合控制位置，使无人机继续执行边前飞、边右转的动作，保证无人机始终沿圆弧形航线匀速飞行，在到达第 6 点位上空时，机头朝向屏幕，同样操作飞至第 7 点位时机身左侧朝向屏幕，同样操作飞回第 1 点位，完成匀速水平 8 字训练。将副翼摇杆和升降摇杆相互配合，执行降落操作。

在整个考核过程中，有 140s 的时间限制，要在规定时间内完成相应动作，最后弹出考核成绩与考核是否通过对话框，如图 5-26 所示。

图 5-26　水平 8 字考核

多旋翼水平 8 字考核

任务核验

1. 完成工作页“实训任务 17　多旋翼无人机虚拟仿真 360° 自旋考核”的内容。

2. 完成工作页“实训任务 18　多旋翼无人机虚拟仿真水平 8 字考核”的内容。

项目 6　无人机自动机场

本项目主要围绕“无人机自动飞行”展开学习，主要介绍了无人机自动飞行系统的设备组成、任务规划、无人机自动机场的操作流程等。

无人机自动机场是实现无人机全自动、全自主作业的地面基础设施，是实现无人机自动起降、存放、自动充电、远程通信、数据存储、智能分析等功能的重要设备。依托于自动机场的全自动化功能，无人机可以在无人干预的情况下自行起飞、降落、充电，可有效替代人工现场操作，提高作业效率，彻底实现无人机的全自动、全自主作业。

任务 1　认识自动机场

任务目标

1. 了解无人机飞行作业方式，了解什么是自动机场。
2. 了解自动机场的发展前景与应用。
3. 掌握自动机场的硬件组成与功能。

任务描述

以市面上主流的几款自动机场为例，让读者直观了解什么是无人机自动机场，掌握无人机自动机场的基本概念、应用领域、硬件结构组成等相关内容。

任务学习

知识点 1：无人机作业方式

目前，测绘与地理信息、安防监控、巡检、消防救灾、农林植保是工业无人机主要的应用场景。根据应用领域不同，工业无人机可分为地理测绘领域工业无人机、低空巡逻巡检领域工业无人机、应急管理领域工业无人机、农林植保领域工业无人机等。

工业无人机属于民用无人机的一种，是一种精准、高效、便捷的可远程控制的航空器。工业无人机主要用于协同或代替人工完成多种商业领域的任务，通常搭载为完成作业飞行活动的装置或设备。工业无人机优势明显，但在实际应用过程中，存在人员编制不足、飞手技术水平参差不齐，引发精度和一致性差、续航时间短等系列问题，导致工业无人机从产线到作业场景阻碍重重，仅成为工业领域巡检巡逻的辅助工具，并未真正发挥其潜力，究其原因，在于其飞行方式的制约。一般，根据工业无人机飞行的人工介入水平，可以将工业无人机的作业划分为为人工作业、半自动作业、自动作业、全自动作业。

1. 人工作业

巡检时，人工作业需操作人员手工操纵无人机进行目标拍摄；当巡检结束后，人工将拍摄的照片拷出并进行重新命名以便存储和分类。在此过程中，巡飞行检难度高，效率低，巡检数据处理的工作量巨大，无人机作业能力和效率的提升，主要依赖操作人员的经验水平。

2. 半自动作业

巡检时，半自动作业是在人工辅助的前提下，无人机自动地按照规划的航线、航点实施飞行任务。巡检过程中，人工干预和自动作业相辅相成，如部分无人机厂商自研无人机飞行管理平台，具备无人机航线规划、航点采集、精准复拍等能力。

3. 自动作业

巡检时，自动作业在半自动作业的基础上，进一步解放人工操作。巡检过程中，无人机自动将照片、视频资料上传至操作地面站或指挥中心，地面站软件自动将照片分类存储，在接入网络的情况下，与指挥中心服务器进行数据同步。

4. 全自动作业

巡检时，完全无需人员现场作业，通过驻点设备自动放飞无人机，远程一键开始飞行。巡检过程中，远程操作人员调用既定航线、一键下达作业，驻点设备自动完成系统准备，包括设备自检、作业环境判断、无人机电池准备、无人机开机、无人机自检、航线任务下达等。其中，全自动作业主要依靠自动机场完成。

目前，我国工业无人机的产品发展共有三大趋势，一是多任务载荷，二是多任务载荷下的小型化，三是智能自主化。其中，无人机智能自主化即无人机自动机场的应用，随着人工智能、边缘计算、5G 通信、物联网等为代表的新兴技术的发展，无人机自动机场不断迭代发展。无人机自动机场可减少人工操作失误，助力无人机更快更好的解决应用领域的发展痛点。在无人机自动机场的加持下，无人机可以实现“去人工化”，实现无人值守、一键起飞、自动巡航、自动换电、自动降落归巢、数据采集传输等功能，解决了无人机飞手不足、技术参差不齐、续航时间短等应用壁垒，使得无人机的应用场景更加广阔。

无人机自动机场，也称无人机机场、无人机机库或无人机机巢，是指专门为无人机设计的专用停放场所。可将无人机直接部署到作业现场，解决人工携带无人机通勤的问题，现场部署的最大优势是增强无人机应急作业能力，作业效率也得到大幅提升。不工作时，无人机待机在自动机场内；工作时，机场舱门打开，升降平台上升至顶部，无人机自动飞出进行作业，如图 6-1 所示。

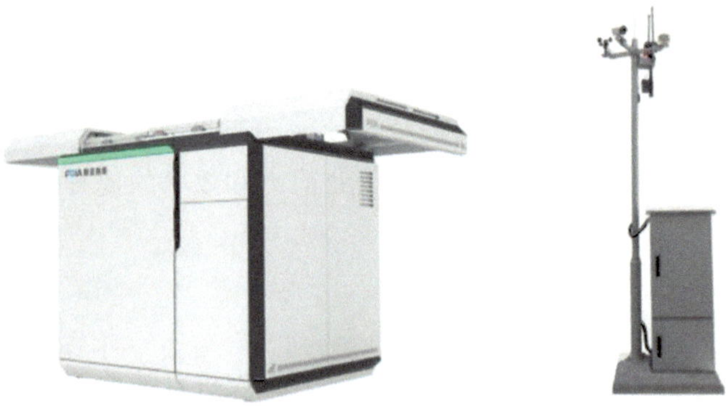

图 6-1　某型无人机自动机场实物图

知识点 2：发展前景与应用

工业无人机的主要应用领域包括：电力巡检、应急救援、航空摄影、水利应用、农药喷洒、航空测绘、国土资源、旅游业、管线巡查、医疗业、海事监察、农业林业、物流运输、交通管制、气象监测、反恐防暴等。且随着工业无人机技术水平的不断提升，各行各业对无人机应用需求的提升，工业无人机应用领域将更加深化、细化，应用领域将不断扩大。2020 年中国工业无人机主要应用领域里，地理测绘占比最大，约 29.27%，其次为农林植保和巡逻巡检，占比分别为 24.85% 和 24.38 %。

工业无人机作为一种高效便捷的辅助手段，替代了原有工具服务于各行各业的日常工作中，其具有成本低、效费比好、机动性能好、使用方便等优势，降低了人工操作的风险，提高了任务执行的安全性和可操控性，可以在电网、交通、公安、气象、水利、安防、海事等多个领域发挥作用。无人机优势明显，但在实际应用过程中，存在人员编制不足、飞手技术水平参差不齐，引发精度和一致性差等系列问题，导致工业无人机从产线到作业场景阻碍重重，仅成为工业领域巡检巡逻的辅助工具，潜力并未真正发挥。

从 2018 年开始，无人机行业内的企业，开始试点无人机自动机场产品，2020 年开始小规模化应用，目前无人机自动机场行业仍处于发展的最初级阶段，规模较小。根据工业无人机的使用场景划分，无人机自动机场主要应用在巡检及消防监控领域。根据前瞻产业研究院对复亚智能等无人机自动机场相关企业市场的研究，2021 年无人机自动机场在巡检领域的市场渗透率在 2% 左右，在安防监控领域的市场渗透率在 0.5% 左右，其他应用领域的渗透率则小于 0.1%，2021 年总需求量约为 1200 套。根据对无人机自动机场领域的研究，目前无人机自动机场主要应用于能源领域的巡检，包括电力巡检、光伏巡检等；其次为智慧城市的应用，如智慧交通、智慧水利、智慧安防等。

1. 自动机场的应用

目前无人机自动机场主要在能源行业、交通行业、安防应急行业、环境行业有较多的应用。

1）能源行业的无人机应用主要集中在电力领域，而电力领域的无人机则以输电电路的精细巡检功能为主。以国家电网的应用为例，随着电网规模的日益扩大，无人机巡检仍然存在巡检效率低、飞手水平参差不齐、山区作业成本高、无人机续航时间短等一系列痛点。无人机自动机场解决了企业在能源电力巡检上通勤难度大、检查不全面、人力成本高等问题，极大提高了能源电力巡检的效率，为智慧电网的建设奠基了基础。目前大部分自动无人机机场企业均布局能源行业，除架空输电线路巡检外，也有如风机巡检、光伏电站巡检等。也有部分企业涉及天然气、油气管道领域，如图 6-2 所示。

图 6-2　自动机场在能源领域的应用

2）交通行业的无人机应用主要为交通巡查。从交通巡查的角度分析，目前非全自动的无人机巡查，存在对飞手数量和质量的要求较高、交通现场情况复杂、现场执法人员与交通指挥中心联动性欠佳等问题。根据对无人机自动机场在交通行业的招投标调研发现，目前无人机自动机场在交通行业的应用仍主要集中在警用车。

根据对无人机自动机场主要代表性企业在环境行业的解决方案调研发现，目前交通行业的无人机智能机场的应用，主要集中在交通巡查领域，而物流快递领域的布局较少。由于目前无人机自动机场主要在交通巡逻场景中应用，从交通巡逻的无人机自动机场应用价值分析，无人机自动机场可减轻巡逻人员的劳动强度和时间，能更及时和快速的应对突发性工作。

3）安防应急行业无人机应用的痛点主要在于应急场景复杂，非全自动无人机作业在一定程度上将产生一定的人员操作风险，可能导致应急响应速度慢，安防处理不到位等问题。根据对无人机自动机场在安防应急行业的招投标汇总，目前无人机自动机场在安防应急行业，主要有应急管理、物业管理、消防和园区管理方向。无人机自动机场在安防应急行业的价值，主要是可以实现全天候待命，从而及时对突发事件进行处理，同时无人机自动机场可提高应急处理效率，减少财产损失。

4）目前，无人机在环境行业被广泛应用，尽管“无人机＋环保”正在不断成熟，但目前环境行业的无人机巡检，仍然以人工作业为主，特别是像湖泊面积较大、河道较长的环境中，人工巡检和测绘的效率将大大降低。同时，人力巡检仍然存在飞手水平参差不齐、无法满足复杂环境无人机巡检的要求。根据对无人机自动机场在环境行业的招投标调研发现，目前无人机自动机场在环境行业的应用，主要有范围监控、污染防治、城市管理、生态监测、海洋 / 水利监测、气体监测等。卫星影像＋无人机传感网＋无人机智能机场，构建“天空地”一体化的环境监测智慧网，环境行业的无人机全自动巡检和测绘，提高无人机使用效率，为环境治理智慧化提供新可能，为智慧监测提供新路径，如图 6-3 所示。

图 6-3　自动机场在环境领域的应用

2. 自动机场的趋势

前瞻产业研究院对中国无人机自动机场的发展趋势进行了汇总，主要包括以下几个方面：

（1）竞争趋势 聚焦“系统化－软硬件全套解决方案”。现阶段我国无人机自动机场依然面临应用软件缺乏的困局。由于无人机数据空间分布广、时间难以预料和获取的数据不规则，单源处理居多，联合综合处理比较少，有时候时效性要求在几分钟内完成。软硬件一体化可以把采集的外界数据实时传回云端系统，并对数据进行分析，应用在各个细化领域，大大提高无人机的作业效率。软硬件一体化发展将大幅提升无人机自动机场的需求。

（2）技术趋势 聚焦“场景化”解决方案。近年来，随着技术的发展，工业无人机下游应用场景不断扩展，无人机机场也在能源、环保、智慧城市等领域发挥着越来越重要的作用。随着应用场景的不断丰富，各行业对无人机自动机场的差异化需求开始显现。无人机自动机场企业应当注重发展定制的“场景化”产品，为每个行业的客户提供不同的解决方案，创造更大的价值。

（3）需求趋势 电力、交通、水务、环保、应急和物流领域需求提升，地理测绘领域潜力有待挖掘。2021 年以来，国家和相关企业接连出台各项规划，利好无人机行业。《南方电网“十四五”电网发展规划》中明确表示，推进智能输电、配电、用电领域升级，到 2025 年，35kV 及以上线路实现无人机智能巡检全覆盖。《数字交通发展规划纲要》明确指出，构建数字化的采集体系、网络化的传输体系，融合应用多种物联网 IoT 技术，实现对人、车、路、环境等全要素的状态感知。无人机自动机场以其无人值守、24 小时在线、智能采集感知、智能数据处理的便利性，可以大幅提升工业无人机应用能力。根据国家政策的导向，无人机自动机场在电力、交通、水务、环保、应急和物流领域的应用规模将大大提升。地理测绘领域在工业无人机中的应用占比接近 30%，而目前无人机自动机场在地理测绘领域的解决方案几乎为空白，未来无人机机场在测绘领域应用潜力的挖掘，也将成为行业发展的重点。

由于无人机智能自动化成为发展趋势，无人机自动机场的渗透将出现显著提升，根据前瞻产业研究院对无人机自动机场相关企业市场研究，2021 年无人机自动机场的销量增长了 70% 以上。假设 2022—2027 年中国工业无人机的平均保有量增速为 20%，从无人机自动机场的渗透率不同分析，乐观条件下，到 2027 年无人机自动机场的需求量将达到 9 万套，悲观情况下也将达到 3 万套。2021 年仅有近 1200 套无人机自动机场销售，未来发展空间巨大。

知识点 3：硬件组成与功能

1. 自动机场分类

无人机自动机场可根据自动化程度、产品形态、无人机形式、无人机大小、充电形式等方式分类。即：

1）根据自动化程度，可分为全自动无人机机场和半自动无人机机场。

2）根据产品形态，可分为固定式无人机机场和移动式无人机机场。

3）根据无人机形式，可分为固定翼机场和多旋翼机场。

4）根据无人机大小，可分为大型无人机机场、中型无人机机场和小型无人机机场。

5）根据充电形式，可分为无人机充电机场和无人机换电机场。

2. 自动机场功能

自动机场的主要功能通常包括停放无人机、自主充电、自主巡检、一键起飞、精准降落、飞行条件监测、实时传输、飞行航线规划等。即：

1）停放无人机：无人机户外存放、防护的场所。

2）自主充电：无人机场内置电池，可自动完成无人机电池更换（或充电），并将换下的电池自动充电，确保无人机能进行高频次、密集型巡飞任务。

3）自主巡检：运用 GPS、图像识别、AI 飞行等核心技术，无人机自主决策航迹、姿态、拍摄参数，获取高质量巡检数据。

4）一键起飞：无人机无任务时，会停放在自动机场内，有任务时可随时从机场起飞，自动执行任务并自主降落。

5）精准降落：自动机场采用了先进 RTK（或视觉融合）引导降落，无论白天黑夜或者刮风下雨，无人机每次都能准确降落到机场内。

6）飞行条件监测：无人机均有其各自的飞行条件，所以机场要装有常规气象传感器，对气象参数直接测量，主要是指温度、风向、风速、降雨量等。

7）实时传输：通过控制平台把前端无人机拍摄的图片（或视频、采集的其他数据等）实时传输到后端进行显示或处理。

8）飞行航线规划：依托于配套的软件系统，可以为机场内的无人机规划飞行路线（或飞行任务）。

3. 自动机场硬件组成

无人机自动机场的硬件部分，主要由机场主体、地面工作站两部分组成（见图 6-1）。

（1）机场主体　机场主体主要一般由机场舱体、全自动停机坪、自动归中系统、升降台、自动充电 / 换电系统、温控除湿系统、智能计算及控制系统和 UPS 系统组成。不同厂家的自动机场结构也会有所差异，如图 6-4 所示为某型自动机场主体结构示意图。

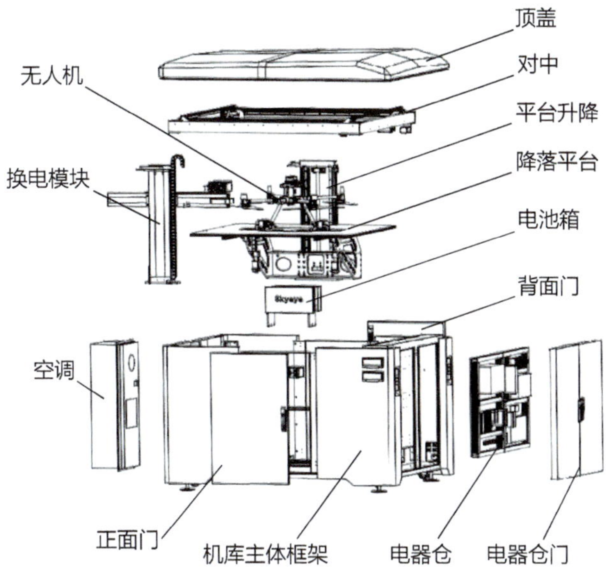

图 6-4 某型自动机场主体结构示意图

1）机场舱体。以某型自动机场为例，如图 6-5a 所示。定义机库有按钮的一侧为操作面（正面），电源插座一侧为背面（后面），空调一侧为左面，电气舱一侧为右面。其中，空调侧及操作面的细节如图 6-5b 所示；电气舱侧及电源插座侧的细节布置如图 6-5c 所示。

2）全自动停机坪。在无人机起飞前，通过自动开关舱门机构，机库自动打开上盖，无人机降落后，机库关闭上盖存储无人机。平台上印有二维码阵列，用于无人机视觉引导精准降落，如图 6-6 所示。

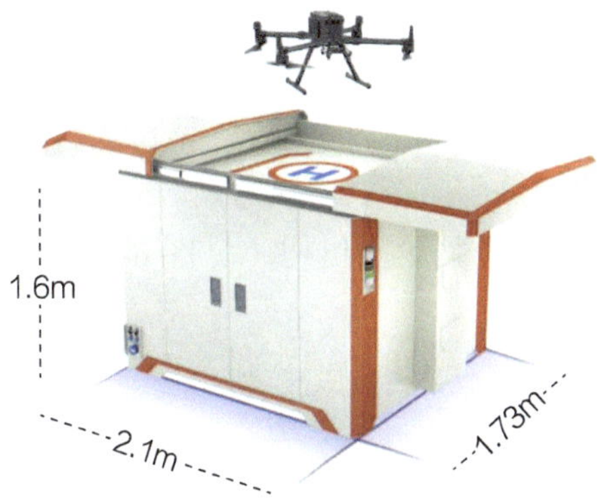

a）自动机场舱体外观

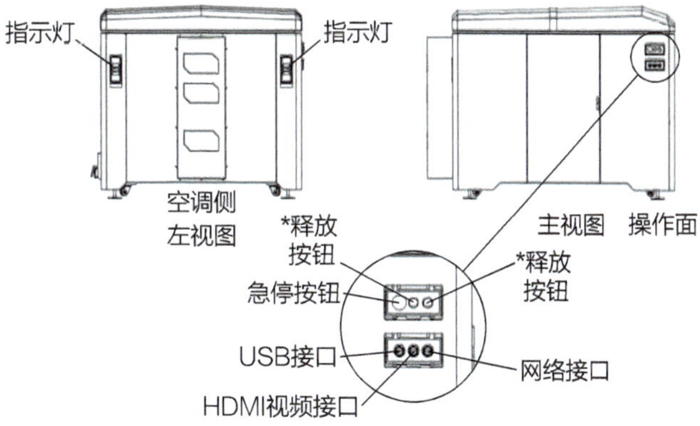

b）空调侧及操作面

图 6-5 机场舱体示意图

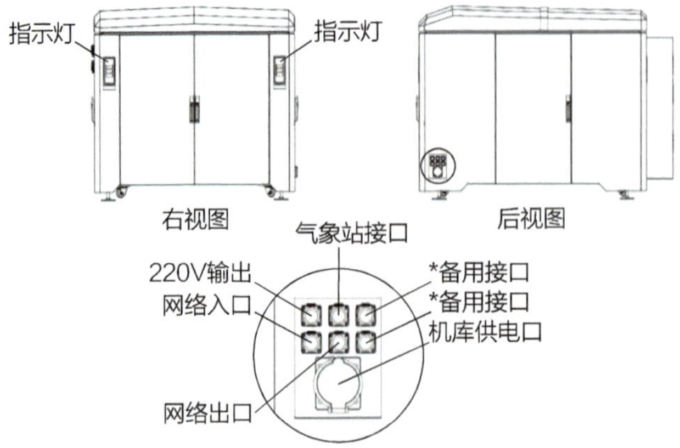

c）电气舱侧及电源插座侧

图 6-5 机场舱体示意图（续）

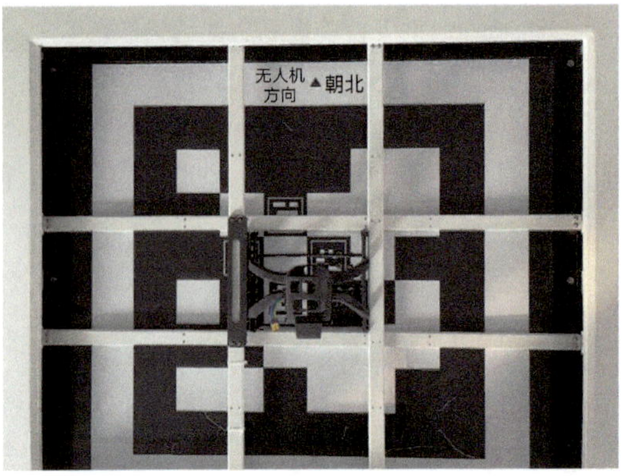

图 6-6 某型全自动机场停机坪俯视图

无人机自主起降平台，主要完成无人机的自主起飞和降落。无人机接收到飞行任务后，自主起降平台将会打开舱门，将无人机由舱内升起后，无人机依据事先规划好的航线进行自主巡航，巡航飞行任务完成后，无人机自主降落至起降平台。其中舱门的打开与关闭主要依靠自动翻盖机构（见图 6-7）或自动开关舱门机构（见图 6-8）完成。即：

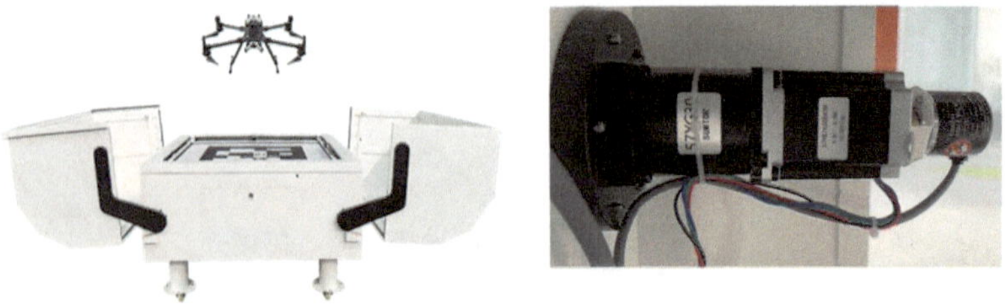

图 6-7 自动翻盖机构与开关舱步进电动机与减速器总成

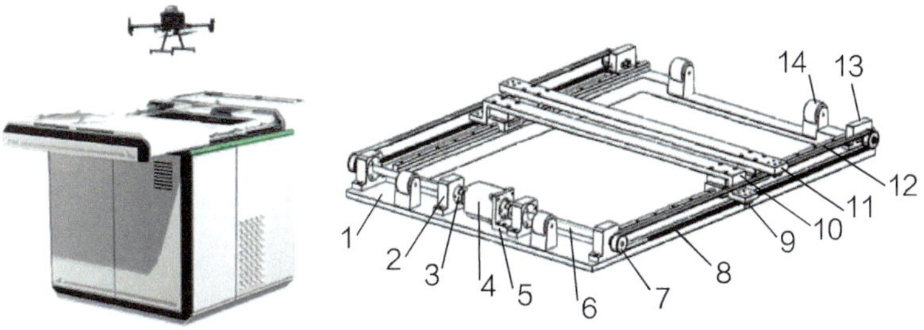

1—底板　2—轴承座　3—联轴器　4—电动机　5—电动机安装板　6—传动轴　7—同步带轮　8—同步带
9—夹带板　10—第一连接板　11—第二连接板　12—导轨　13—带轮固定座　14—支撑轮

图 6-8　自动开关舱门机构

①自动翻盖机构包括机场壳体，机场的上端对称设有翻盖，壳体的上端内侧斜对称设有用以驱动翻盖进行翻转的减速器与步进电动机总成，如图 6-7 所示。步进电动机的上方设有减速机构，步进电动机的输出端和减速机构的输入端固定连接，减速机构中部设有转动长轴，转动长轴的两端均延伸至停机场壳体的外侧，且通过电动机端输出法兰与辅助端输出法兰分别和翻盖的两端固定连接，电动机端输出法兰和无人机停机场侧面之间设有对翻盖的旋转角度进行限位的限位机构。步进电动机末端安装有编码器。

②无人机机场的自动开关舱门机构，如图 6-8 所示，包括底板和安装在底板上的第一连接板和第二连接板，底板的侧边安装有电动机和带轮固定座；带轮固定座设有两个，且分别安装在底板的两个顶角上，电动机两端分别通过传动轴连接有一个同步带轮，同步带轮一端与传动轴连接，另一端与带轮固定座连接；同步带轮上安装有同步带，两个同步带相互平行；第一连接板的两边分别通过夹带板固定在两个同步带的下方，第二连接板的两边分别通过夹带板固定在两个同步带的上方；第一连接板和第二连接板上分别固定有机场舱门的两个侧门。底板上安装有两个导轨，两个导轨分别位于两个同步带的内侧，第一连接板的两端和第二连接板的两端分别连接在两个导轨上，其中导轨为直线导轨。

3）自动归中系统。无人机降落后，停机坪会自动将无人机归位并紧固，同时自动开启充电指令。无人机停在停机坪上后能够实现自动归中，然后去充电，主要依靠自动归中系统中的推拉杆原理，如图 6-9 所示。在停机坪的顶端加装有两组呈“井”字型分布的横向推杆和纵向推杆，可被双轴电动机驱动同步向内或向外移动，改变横向推杆和纵向推杆交错组成的矩形大小，从而使无人机的停放位置在停机坪上居中。

自动机场归中系统

在停机坪顶部边缘处有四个安装底板，安装底板的顶端设置有驱动机构，驱动机构包括设置在安装底板顶端中间位置处的双轴电动机，双轴电动机的两端均通过联轴器与丝杠相连，如图 6-10 所示，丝杠通过固定座架设在安装底板上，丝杠上螺纹连接有滑座，每两个相对分布的滑座之间设置有推杆。另外，也可在自动归中系统中加入定制脚架实现触电式充电功能，如图 6-11 所示。

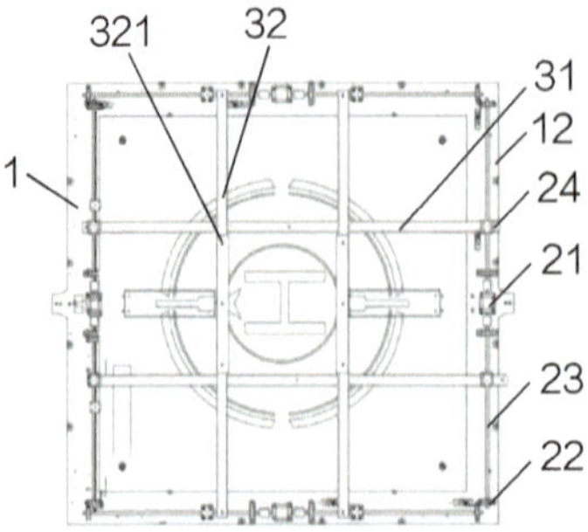

1—停机坪　12—安装底板　21—双轴电动机　22—固定座　23—丝杠
24—滑座　31—横向推杆　32—纵向推杆　321—定位套

图 6-9　自动归中系统

图 6-10　联轴器与丝杠相连示意图

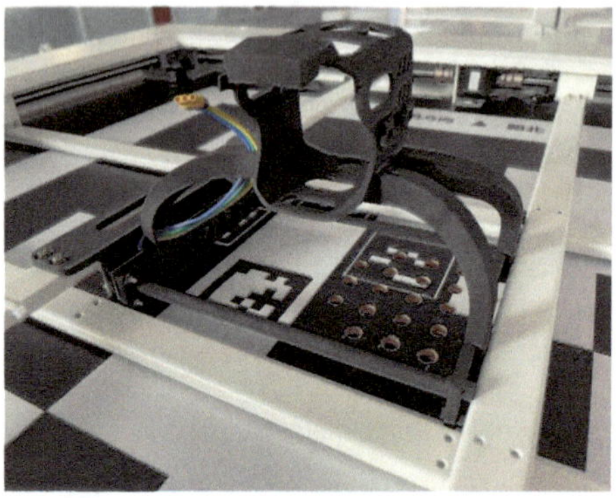

图 6-11　自动归中系统与定制脚架

无论是自动归中系统，还是自动翻盖或自动开关舱门系统，亦或是升降台系统，其核心驱动部件均为步进电动机，而步进电动机的动作则需要步进电动机驱动器来驱动，图 6-12 所示为一种新推出的数字式两相步进电动机驱动器，它采用最新 32 位 DSP 技术，主要驱动 42、57、86 型两相混合式步进电动机。微步细分为 14 种，最大步数为 25600 步 / 转；工作峰值电流为 1.0~4.2A，输出电流共 8 种，能够满足大多数场合的应用需要。由于采用内置微细分技术，即使在低细分的条件下，也能够达到高细分的效果，低中高速运行平稳，噪声小。具有半流，过压、过流等保护电路。驱动器内部集成了参数自动整定功能，能够针对不同电动机自动生成最优运行参数，最大限度发挥电动机的性能。本驱动器为直流供电，推荐工作电压为

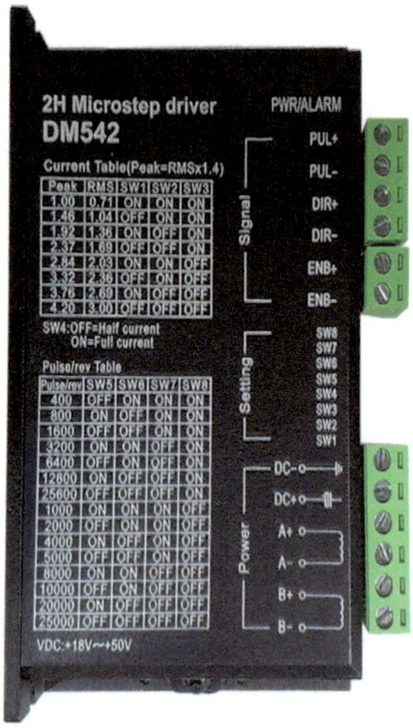

图 6-12　某型步进电动机驱动器

DC18~50V。

4）升降台。升降台是机场无人机实现起、降所用的平台，是整个系统实现自主起降的关键部件，升降平台一方面负责将无人机升高、降低到起飞和存储高度，同时升降平台需将无人机在起降平台面固定，完成电池更换，如图 6-13 所示。值得注意的是，有些小型自动机场并没有升降台，取而代之的是全自动停机坪与归中系统。

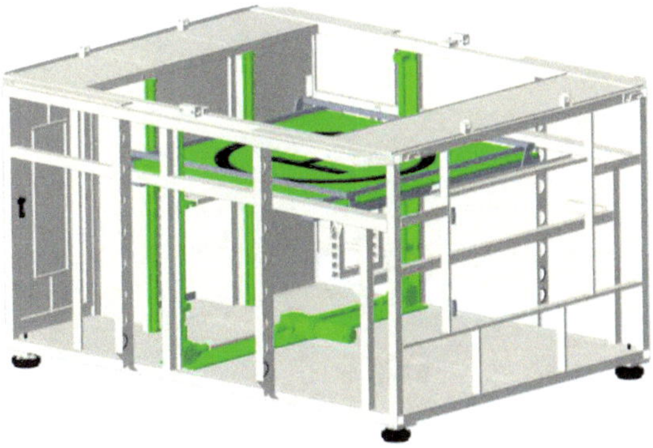

图 6-13 某型自动机场升降台

自动机场升降台

部分机库的升降系统还配置了位置控制器，一般可以选用微动开关来实现（见图 6-14），将力作用于微动开关的动作簧片上，当动作簧片位移到临界点时产生瞬时动作，使动作簧片末端的动触点与定触点快速接通或断开。微动开关选用带滚轮的微动簧片，可减小摩擦导致的簧片磨损，从而延长其使用寿命。

图 6-14 微动开关

5）高频无线充电系统。以某型高频无线充电系统为例，充电系统可采用独有的高频无线充电方式进行自动充电。兆赫兹无线充电发射端采用快装板设计，可快速安装在机场降落平台。采用双风扇加压风道散热，最大输出功率达 100W。使用高鲁棒性 E 类高频逆变器，结合 650V 氮化镓芯片，可以在宽动态负载范围内高效输出电磁能量，如图 6-15 所示。无线充电接收端与电池充电器分别安装在无人机机架两侧，接收装置在 ±3cm 的偏移情况下均能保持能量稳定传输，并可向无人机提供最高 60W 的充电功率。同时，接收装置上搭载主动散热装置，保证大功率充电的高效运行。无线充电接收端与电池充电器均采用轻量化设计，总重量仅为 100g（含无人机支架），如图 6-16 所示。

6）触点式充电系统。相较于无线充电系统，结构简单很多，只需要安装专门的一套触点式接头即可，结构相对简单，但无人机电池需要定制，如图 6-17 所示。

图 6-15　兆赫兹无线充电发射端

图 6-16　兆赫兹无线充电接收端

图 6-17　触点式充电系统

7）换电系统。电池更换系统由机械手、导轨和位置控制器组成，利用 X、Y 轴推位杆的移动，将无人机固定（锁）在机械手电池更换工位范围内，从而实现电池的更换任务。需要机械手（见图 6-18）、定位夹持装置（见图 6-19）、位置控制器和导轨（见图 6-20）等协调配合。

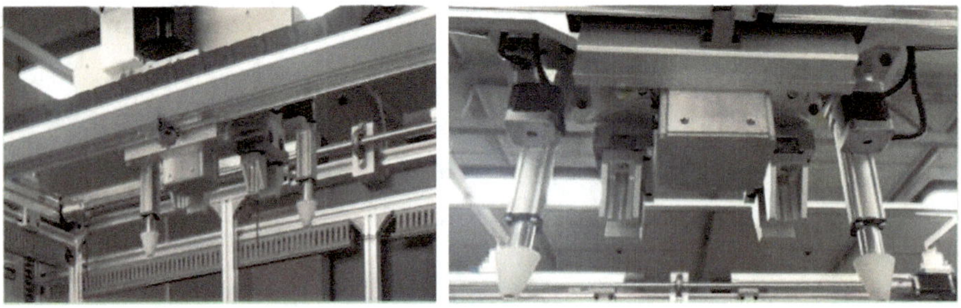

图 6-18　机械手

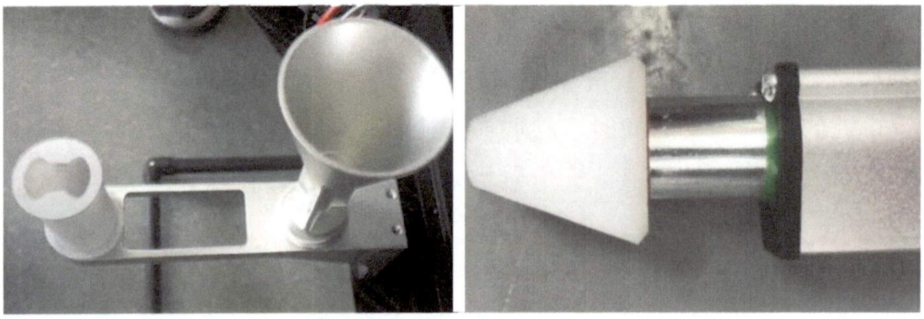

图 6-19　定位夹持装置

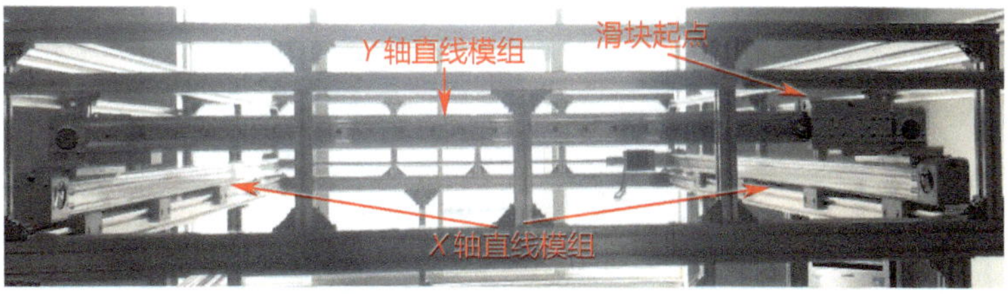

图 6-20 位置控制器与导轨

8）机柜空调系统。电气柜专用空调（简称电气柜空调或控制柜空调、机柜空调）是一种专为电气柜内部恒温恒湿而设计的蒸汽压缩式工业空调。该产品为电气柜内部提供了理想的温度和湿度环境，同时隔离了外界环境中的灰尘、腐蚀性气体，延长了电气元件的使用寿命，提高整机系统的可靠性。机柜空调通过两个完全独立、隔绝的空气循环把机柜内部的空气冷却，同时把柜内的热量通过热交换驱散出柜外，从而保护柜内的电气元件在合适的温度范围运行，同时机柜空调具有除湿功能，保证机柜内部有理想的温度和湿度。空调自带除湿功能，保持机场内部湿度维持在最佳状态，如图 6-21 所示。

9）UPS。机场 UPS 不间断供电系统，带有防雷击浪涌、欠压、过压保护功能，在断电情况下，可为机库提供至少 30 min 电力续航，并在供电异常情况下保障系统能够安全运行，继续开关机库门引导无人机降落动作，防止机库突然断电造成不必要损失，如图 6-22 所示。

图 6-21 机柜空调系统

图 6-22 UPS

10）电气仓。主要包括自动机场核心主控板、多路输出开关电源、开关舱步进电动机驱动器、归中系统步进电动机驱动器等，如图 6-23 所示。

其中智能计算及控制系统是机场的核心，整个系统的控制算法与软件程序都集成在此，可以实现对无人机和机场所有设备进行控制、数据传输、日志记录。该系统硬件采用工业级硬件，设备稳定。

（2）地面工作站　地面工作站的功能包含通信与气象监测两种，两种功能一体化设计，可以让部署更简单方便。地面工作站由风速风向仪、雨雪传感器、机场监控摄像头和地面工作站箱组成。工作站箱内安装有无人机遥控器、监控摄像头、风速变送器、风向变送器、雨雪传感器、路由器系统等部件，如图 6-24 所示。

图 6-23　自动机场电气仓

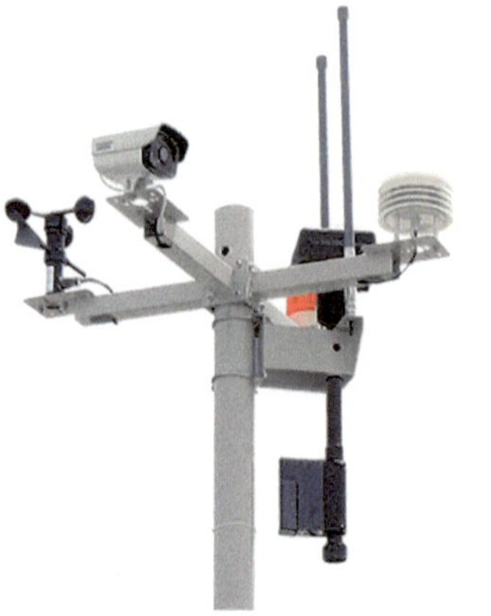

图 6-24　地面工作站

1）无人机遥控器。固定于工作站内，由自动开关机装置进行开关机操作。工作站内设置了带有 4G/5G 功能的路由器，可以插入 4G/5G SIM 卡后在无线宽带条件下实现远程通信。地面工作站实时监测作业附近气候情况，及时预警应对恶劣天气。

2）监控摄像头。具备至少 200W 像素，实现 24h 实时监控，通过网线与路由器相连，构成独立的图像实时传输系统。

3）风速变送器（见图 6-25a）。外形小巧轻便，便于携带和组装，壳体采用聚碳酸酯复合材料，具有良好的防腐、防侵蚀等特点，能够保证变送器长期使用不变形，同时配合内部顺滑的轴承系统，确保了信息采集的精确性。宽电压电源输入 10~30V 均可。采用 485 通信（modbus）协议，当多个 485 型号的设备接入同一条总线时，现场布线有一定的要求，485 信号线接线时注意 A\B 两条线不能接反，总线上多台设备间地址不能冲突。

4）风向变送器（见图 6-25b）。通信方式与风速变送器一致。

5）雨雪传感器（见图 6-25c）。测量室外或自然界是否降雨或降雪的定性测量设备。

a）风速变送器　　b）风向变送器　　c）雨雪传感器

图 6-25　变送器和传感器

6）路由器系统。一般采用多网口 LTE 路由器，它可以集成 4G LTE、WiFi、以太网端口和 VPN 等技术，为设备联网提供最先进的互联网和高速数据访问。而且还支持远程管理云平台服务，可以轻松跟踪您的设备，享受更高的大规模部署和预防性维护，提高了运维效率、降低了运营成本。一般路由器系统安装在工作站箱中，如图 6–26 所示。

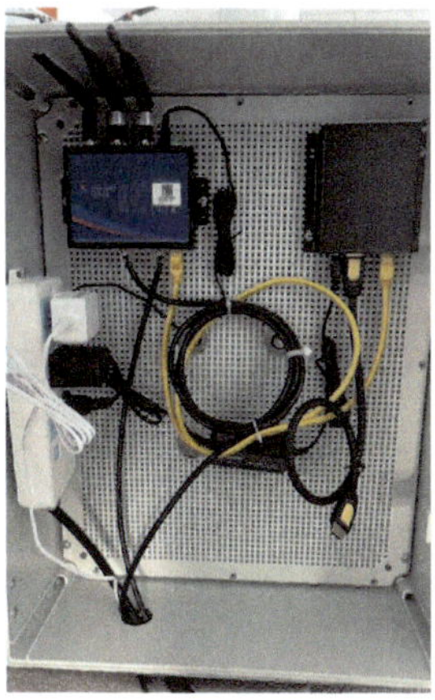

图 6–26　某型自动机场工作站箱

地面工作站的风速风向仪、雨雪传感器、机场监控摄像头与自动机场间的通信及连线方式如图 6–27 所示，连接示意图如图 6–28 所示。

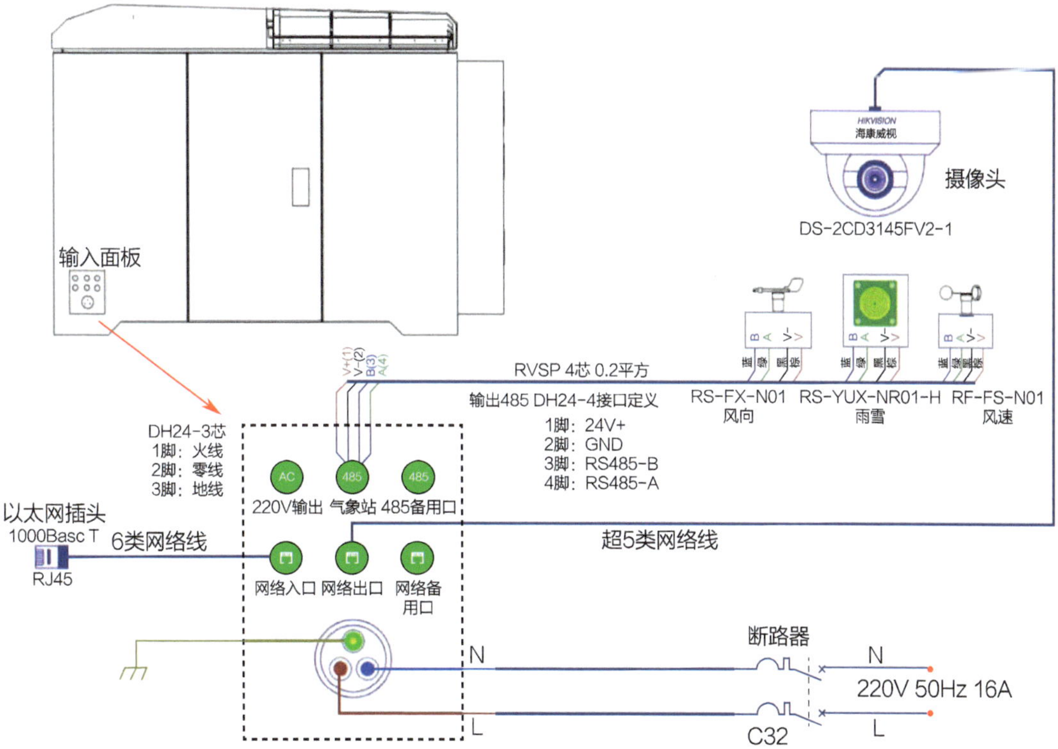

图 6–27　某自动机场与地面工作站接线图

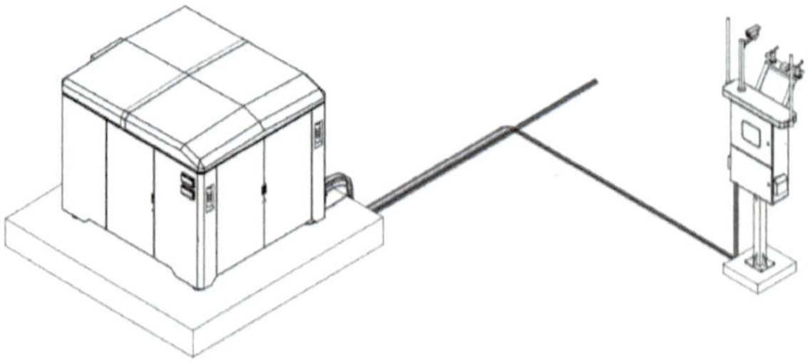

图 6-28 某自动机场与地面工作站接线示意图

任务核验

1. 简述什么是无人机自动机场。

2. 简述无人机自动机场的应用领域都有哪些。

3. 简述多旋翼无人机自动机场的硬件组成都有哪些。

任务 2 自动机场操控

任务目标

1. 熟悉自动机场无人机飞行控制平台主界面各项功能。
2. 熟悉自动机场无人机飞行控制平台无人机操控方法。

任务描述

本任务以某公司旗下无人机飞行控制平台系统为例，介绍自动机场的实际运行操作方法，其他产品的使用方法可以参照此部分内容。

任务学习

知识点 1：登录页面

1）系统可以在安装了浏览器 Windows7、Windows10 等操作系统的台式计算机或笔记本上运行，推荐屏幕分辨率为 1920 × 1080，推荐使用谷歌浏览器（Chrome）、360 浏览器（极速模式）进行操作。

2）打开浏览器，地址栏输入平台 URL 的地址进入登录页面，如图 6-29 所示。

3）输入用户名和密码后进行登录。

图 6-29 无人机飞行控制平台登录界面

知识点 2：首页

1）系统登录后默认进入首页，在首页可以查看该账号所在组织下的全部站点情况和飞行历史统计数据，如图 6-30 所示。

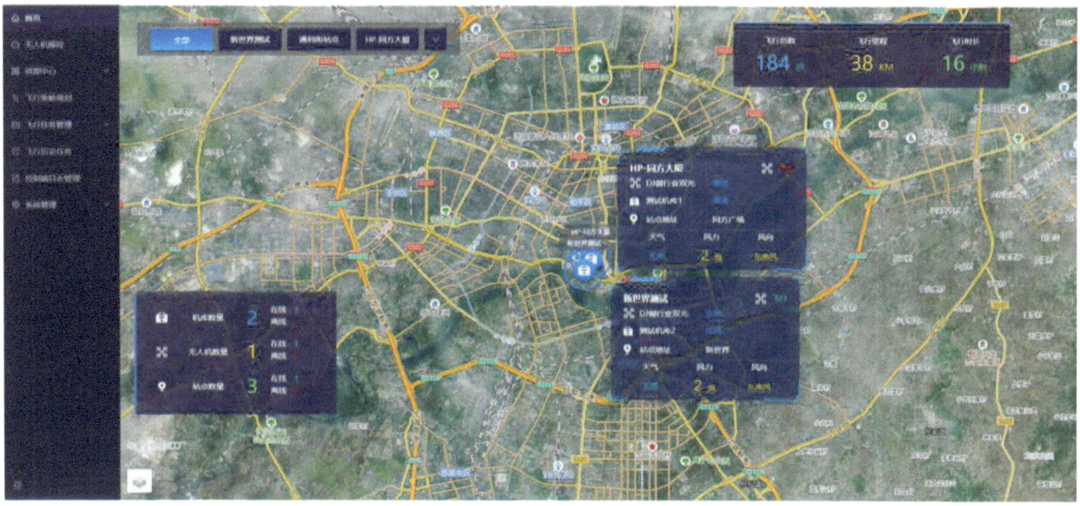

图 6-30 首页界面

2）单击左上角站点名称，地图会移动到该站点所在的位置，飞行历史统计数据会变为该站点的历史统计，如图 6-31 所示。

图 6-31　站点历史统计数据

3）单击地图上的站点图标，会弹出窗口进行选择。单击站点操控，会打开站点的无人机操控页面；单击站点详情，会跳转到站点管理下的站点详情页面，如图 6-32 所示。

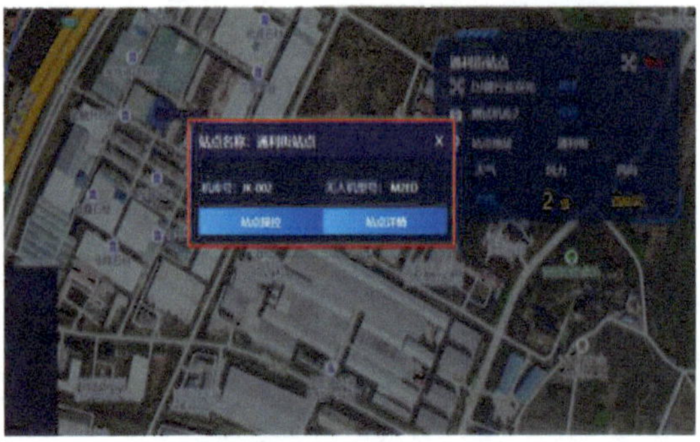

图 6-32　站点图标操作

知识点 3：无人机操控

1）从菜单进入操控页面时会进入全部站点模式，每个站点边的卡片可以进行拖动查看，通过单击左上角的站点名称或者地图上的站点图标，可以进入到该站点的操控页面，如图 6-33 所示。

2）站点操控页面上的功能有：站点名称、无人机实时控制、任务信息、便捷控制按钮、无人机状态、机库状态、天气状态、站点日志、起飞准备检查、警告错误提示。

（1）站点名称　此区域显示站点的名称，单击右侧图标可以退出当前站点。

图 6-33　无人机实飞操控界面

（2）无人机实时控制　此区域用来操作无人机的移动、旋转、云台。

注意事项：无人机控制需要先执行任务后方可进行，移动、升降、调整方向的操作，还需要暂停任务手动接管后进行，如图 6-34 所示。

图 6-34　无人机控制操作界面

① 平移控制：控制无人机前后左右的移动，飞行速度根据下方的设定值调整；移动时，鼠标需要一直按住方向按钮，鼠标抬起后变为悬停。

② 高度控制：控制无人机上升和下降，升降速度根据下方的设定值调整；移动时，鼠标需要一直按住方向按钮，鼠标抬起后变为悬停。

注意事项：如果有突发情况需要手动降落时，要一直按住下降按钮直到提示任务结束；在离地面较为接近时，建议将速度调整为 1m/s，避免速度太快损坏无人机。

③ 偏转调整：调整无人机的机身朝向，0° 为正北。

④ 变焦调整：改变无人机云台的变焦倍数，最大变焦倍数会根据无人机机型不同进行改变。

⑤ 云台角度调整：改变无人机云台垂直角度，范围 -90°~0° 。

（3）任务信息　此区域用来显示站点配置的任务情况，如图 6-35 所示。

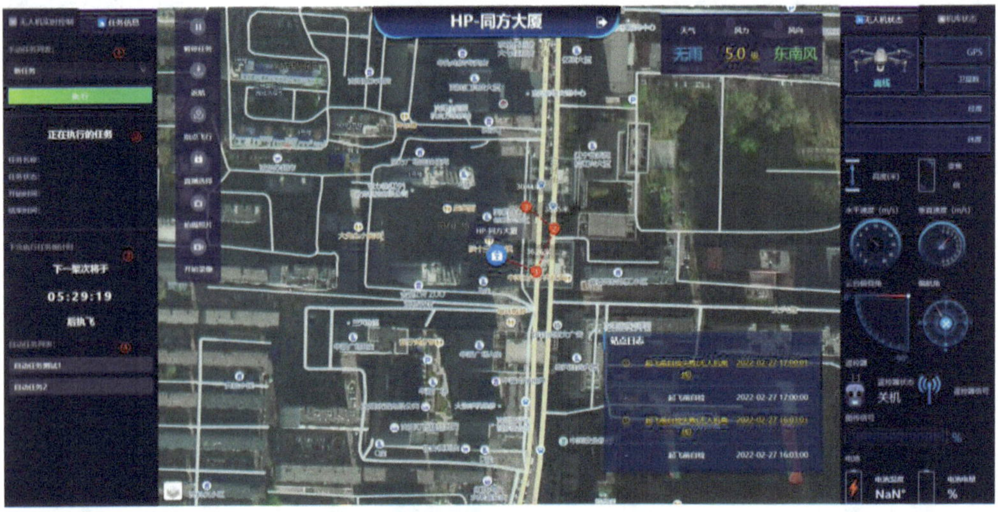

图 6-35　任务信息

① 手动任务：可以通过下拉菜单选择预设的手动飞行任务，选择后可以在地图上显示出该任务的航线，单击执行并确认起飞后，开始执行此次飞行任务。

② 正在执行的任务：显示当前正在执行的任务名称、任务状态和开始结束时间。

③ 下次执行任务倒计时：显示下一次自动任务的倒计时，当倒计时归 0 时，可以在页面上看到此次任务的飞行情况。

④ 自动任务列表：列表中会显示出当天尚未执行的自动任务。

（4）便捷控制按钮　此区域用来控制当前任务的执行，如图 6-36 所示。

① 暂停 / 恢复任务：单击“暂停”按钮可以在任务执行过程中暂停任务，任务暂停后可以手动控制无人机飞行，再单击“恢复任务”按钮，无人机可按照未完成的航线继续飞行。

② 返航：中止当前飞行任务自动返航，此操作不影响无人机自动降落的流程（机库对无人机的回收、视觉识别降落、自动充电）。

③ 指点飞行：在任务暂停时，选择指点飞行按钮后，单击地图上机库覆盖范围内的任意点，无人机可按照指定点方向和当前高度进行水平移动，当到达指定点后进行悬停。

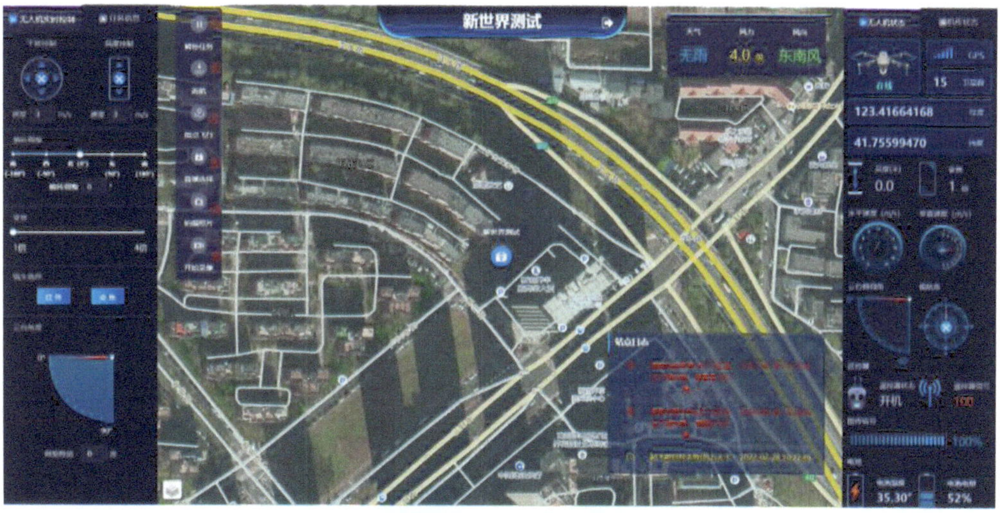

图 6-36　便捷控制按钮

④ 直播选择：可以选择无人机视角直播和机库监控视角直播。

⑤ 拍摄照片：控制无人机拍摄照片。

⑥ 开始 / 停止录像：控制无人机开始和停止录像。

（5）无人机状态　此区域用来显示无人机的实时状态。

（6）机库状态　此区域用来显示无人机机库的实时状态，如图 6-37 所示。

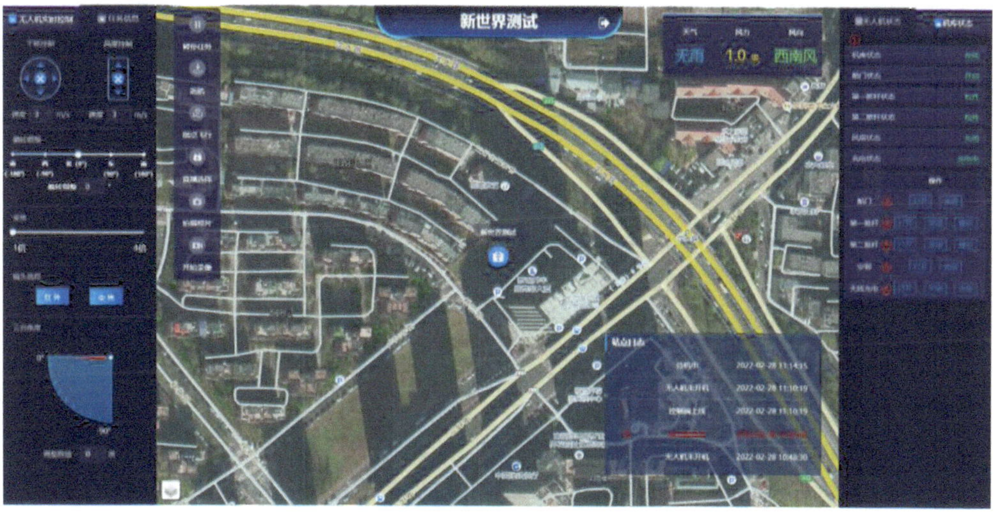

图 6-37　机库状态

① 机库各种状态：实时显示机库、舱门、推杆、空调、充电的各项状态。

② 舱门控制：实时控制舱门的打开和关闭。

③ 推杆控制：实时控制两个推杆的同时打开、关闭和复位。

④ 空调控制：实时控制空调的打开和关闭。

⑤ 无线充电控制：打开按钮可以远程唤醒开启无人机，关闭按钮可以远程关闭无人机，充电按钮可以远程控制无线充电系统对无人机进行充电。

（7）天气状态　此区域用来显示站点配置气象站的实时天气情况（每分钟更新一次）。

（8）站点日志　此区域用来显示站点的日志记录列表，可以滚动列表进行查看。其中：白色字体为普通日志，黄色字体为警告日志，红色字体为严重错误日志。

（9）起飞准备检查　在任务开始执行时，首先会进行起飞前的一些数据检查，检查通过后无人机才会起飞执行任务。检查窗口可以拖动或者关闭。单击“停止起飞”按钮，可以放弃起飞，直接结束此次任务，如图 6-38 所示。

图 6-38　起飞准备检查

（10）警告错误提示　当站点日志接收到警告和严重错误信息时，会在画面中间弹出窗口进行提示。

知识点 4：无人机管理

1）在资源管理栏下，有无人机管理项目，可以进行筛选条件，输入内容，单击查询，显示列表中想要查询的数据，单击重置可清理筛选和输入的内容。

2）在列表页面单击“新增”，弹出窗口，输入内容填写无人机信息。

项目中无人机型号会影响制订飞行策略和飞行操控的一些参数，如航点数量、最大飞行速度、最大飞行高度、变焦、镜头选择等，当输入全部必填项后单击确定进行保存，如果放弃保存单击取消，如图 6-39 所示。

3）在列表页面单击“详情”，弹出窗口，查看保存的信息。

4）在列表页面单击“修改”，弹出窗口，修改选择的记录。

5）在列表页面单击“删除”，弹出“确认”窗口，确认后删除选择的记录。

6）在列表页面单击“更换部件履历”，弹出窗口，查看更换部件履历信息。

7）在更换部件履历页面单击“新增”，弹出窗口，添加部件更换履历记录。

8）单击更换部件履历时间轴上的“修改图标”，弹出窗口，可以修改更换部件履历信息。

9）单击更换部件履历时间轴上的“删除图标”，弹出“确认”，确认后可以删除该条记录。

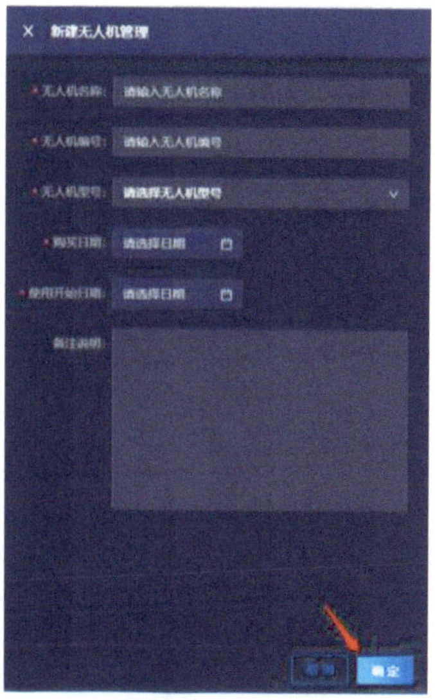

图 6-39　无人机管理

知识点 5：机库管理

1）在资源中心栏下，进行机库管理，可以筛选条件，输入内容，单击查询，显示列表中想要查询的数据，单击重置清理筛选输入的内容。

2）在列表页面单击“新增”，弹出窗口，输入内容填写机库信息。

项目中气象站的配置，关系到机库配套的气象数据的获取，请和机库提供方进行确认后填写，必填项全部输入后，单击“确定”进行保存，如果放弃保存单击“取消”，如图 6-40 所示。

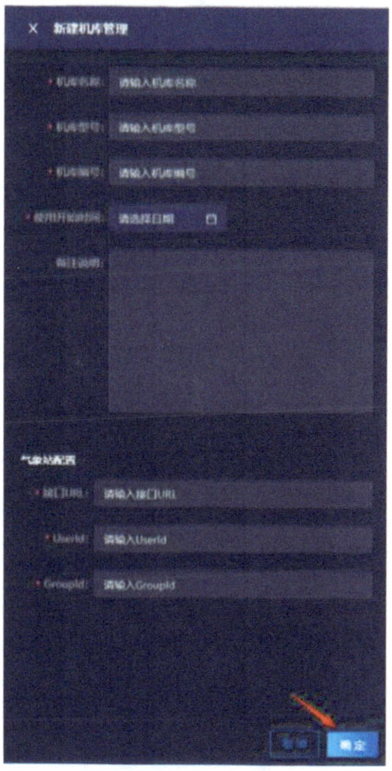

图 6-40　机库管理

3）在列表页面单击“详情”，弹出窗口，查看保存的信息。

4）在列表页面单击“修改”，弹出窗口，修改选择的记录。

5）在列表页面单击“删除”，弹出“确认”窗口，确认后删除选择的记录。

6）在列表页面单击“更换部件履历”，弹出窗口，查看更换部件履历信息。

7）在更换部件履历页面单击“新增”，弹出窗口，添加部件更换履历记录。

8）单击更换部件履历时间轴上的“修改图标”，弹出窗口，可以修改更换部件履历信息。

9）单击更换部件履历时间轴上的“删除图标”，弹出“确认”窗口，确认后可以删除该条记录。

知识点 6：站点管理

1）在资源中心栏下，进行站点管理，可以进行筛选条件，输入内容，单击查询，显示列表中想要查询的数据，单击重置清理筛选输入的内容。

2）在列表页面单击“新增”，弹出窗口，输入内容填写站点信息。

页面中输入必填信息后进行保存，其中经纬度为 WGS84 坐标系坐标，此坐标影响站点在地图上的标注位置，如图 6-41 所示。

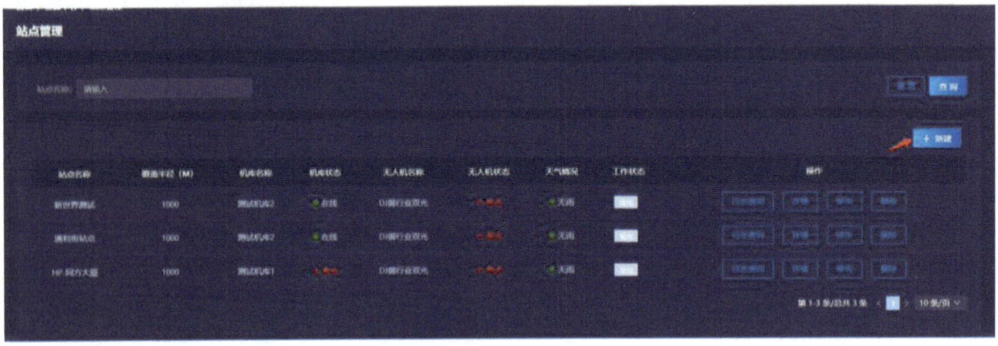

图 6-41 站点管理

3）在列表中单击“日志查询”，在弹出窗口中查看该站点的全部日志信息。

4）在列表中单击“详情”，在弹出窗口中查看该站点的无人机实时信息、机库实时信息、无人机和机库的直播图像及机库的实时控制，如图 6-42 所示。

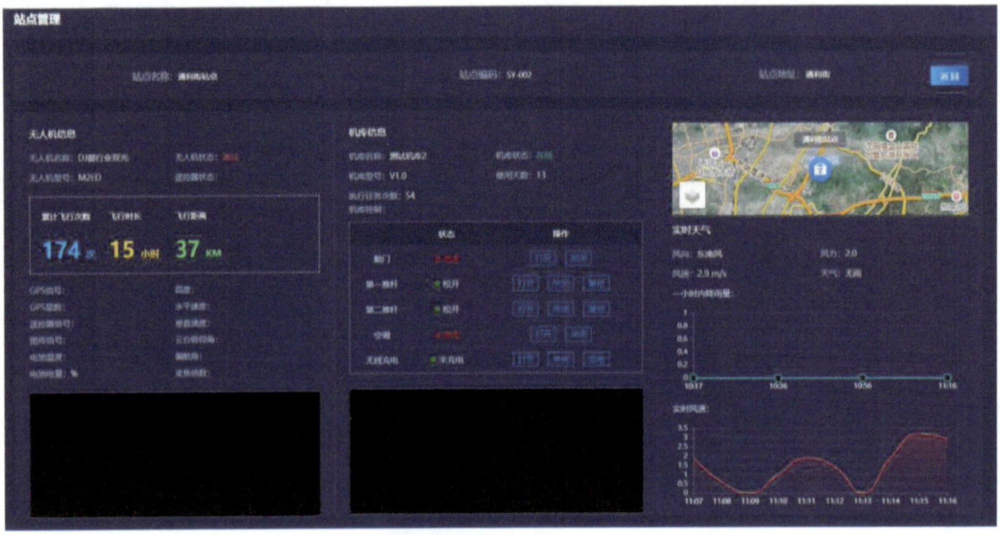

图 6-42 查看信息

5）在列表中单击“修改”，弹出窗口，修改选择的记录。其中匹配码为后台自动生成，用于和安卓控制端进行配对通信，不可修改。

6）在列表页面单击“删除”，弹出“确认”窗口，确认后删除选择的记录。

知识点 7：飞行策略规划

1）在飞行策划管理栏目下，可以进行筛选条件，输入内容，单击查询，显示列表中想要查询的数据，单击重置清理筛选输入的内容。

2）在列表页面单击“新增”，弹出窗口，规划飞行策略，步骤如下：

①首先输入策略名称，并且选择站点，选择站点后便可以在地图上单击选择“航点规划航线”，地图上的航点信息会自动添加到右边的航点列表中，如图 6-43 所示。

图 6-43 飞行策略规划

②地图上的航点位置可以按住鼠标进行拖动调整，在右边输入航线参数，航点参数通过单击列表中的“编辑”进行修改，单击“删除”可以删除该航点，如图 6-44 所示。

③单击航点前的图标，可以展开 / 收起航点动作列表。在动作列表单击“新增”，可以为航点添加动作操作。

④当策略信息输入完成后，单击“确定”进行保存。

3）在列表页面单击“修改”，弹出窗口，修改选择的记录。

4）在列表页面单击“删除”，弹出“确认”窗口，确认后删除选择的记录。

在列表页面单击“复制”，可以复制选中的记录，复制后的记录在策略名称后添加【 - 副本 】的文字，航线信息、航点信息、航点动作信息与被复制的策略完全一致。

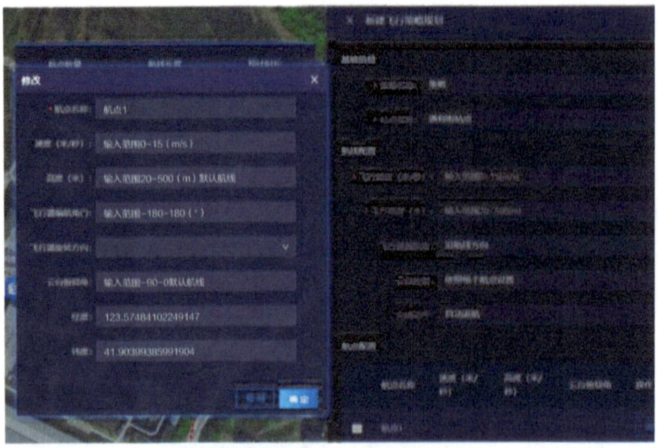

图 6-44　航点参数设置界面

知识点 8：飞行任务管理

1. 自动任务

1）在飞行任务管理栏目下，选择自动任务，可以进行筛选条件，输入内容，单击查询，显示列表中想要查询的数据，单击重置清理筛选输入的内容。

2）在列表页面单击“新增”，弹出窗口，新建自动执行的飞行任务，如图 6-45 所示。

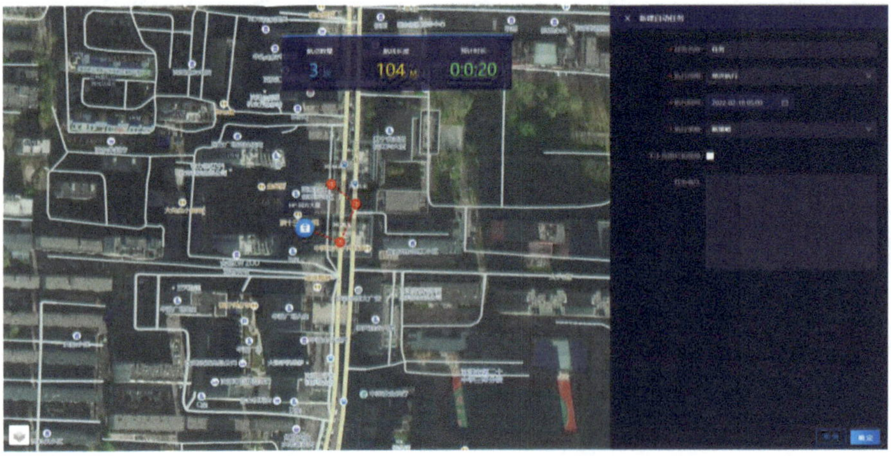

图 6-45　新建自动执行飞行任务

其中：

①执行周期包括单次执行、每天执行、每周执行和每月执行。

单次执行需要选择要执行的日期和时间，此任务只会执行一次。

每天执行需要选择要执行的时间，此任务每天都会在指定时间执行一次。

每周执行需要选择执行的星期数和时间，此任务每周都会执行一次。

每月执行需要选择执行的日数和时间，此任务每月都会执行一次。

②不上传图片和视频。默认任务执行后自动上传无人机存储空间或 SD 卡中保存的照片和录像；如果选中不上传，则在该飞行任务结束后不上传文件，需要手动拷贝无人机中的照片和录像。

3）在列表页面单击“修改”，弹出窗口，修改选择的记录。

4）在列表页面单击“废弃”，弹出“确认”窗口，确认后废弃选择的记录。

5）在列表页面单击是否可用切换开关，切换任务状态。当开关关闭时，此任务将不会自动执行。

飞行控制平台
自动任务规划

2. 手动任务

1）在飞行任务管理栏目下，选择手动任务，可以进行筛选条件，输入内容，单击查询，显示列表中想要查询的数据，单击重置清理筛选输入的内容。

2）在列表页面单击“新增”，弹出窗口，新建手动执飞的飞行任务，如图 6-46 所示。

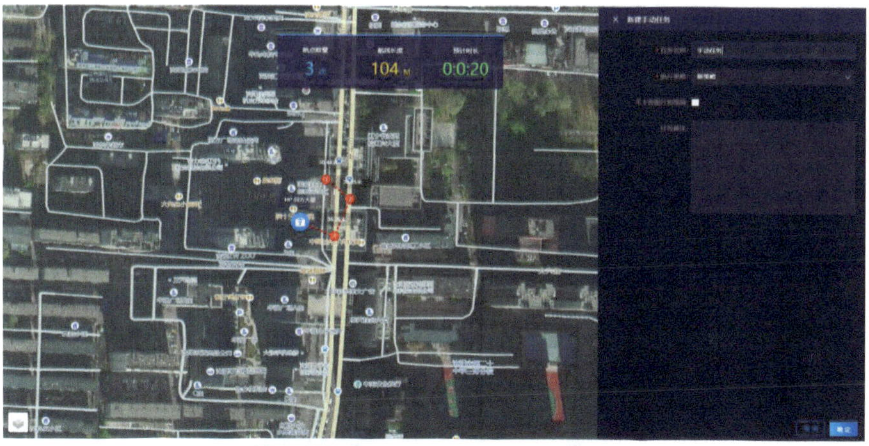

图 6-46　新建手动执行飞行任务

3）在列表页面单击“修改”，弹出窗口，修改选择的记录。

4）在列表页面单击“废弃”，弹出“确认”窗口，确认后废弃选择的记录。

5）当站点状态为待机时，单击“执飞”按钮，调飞无人机。在无人机操控页面可以监控飞行任务的执行情况。

3. 快速任务

1）在飞行任务管理栏目下，选择快速任务，可以进行筛选条件，输入内容，单击查询，显示列表中想要查询的数据，单击“重置”清理筛选输入的内容。

2）在列表页面单击“新增”，弹出窗口，新建快速飞行任务。

新建快速任务时，选择站点后，在地图上规划飞行路线，无人机会按照默认的飞行速度（10m/s）和高度（100m）执行任务，如图 6–47 所示。

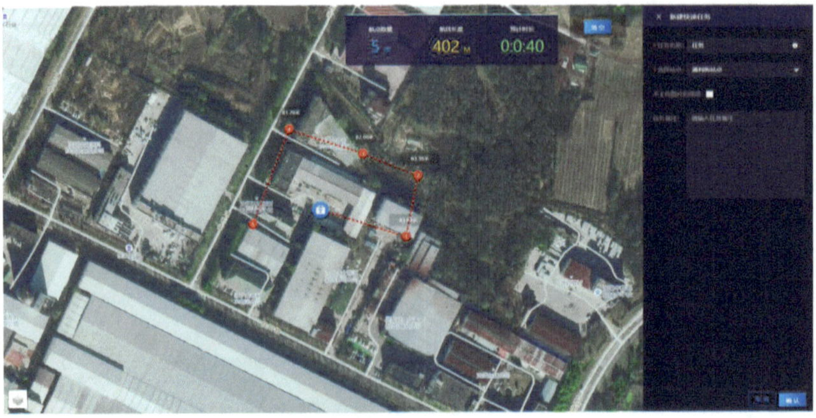

图 6–47　新建快速任务

3）在列表页面单击“修改”，弹出窗口，修改选择的记录。

4）在列表页面单击“废弃”，弹出“确认”窗口，确认后废弃选择的记录。

当站点状态为待机时，单击执飞按钮，调飞无人机。在无人机操控页面可以监控飞行任务的执行情况。

知识点 9：飞行历史记录

1）在飞行历史记录栏下，可以通过 TAB 标签，切换查看自动任务、手动任务和快速任务的飞行历史记录，如图 6–48 所示。

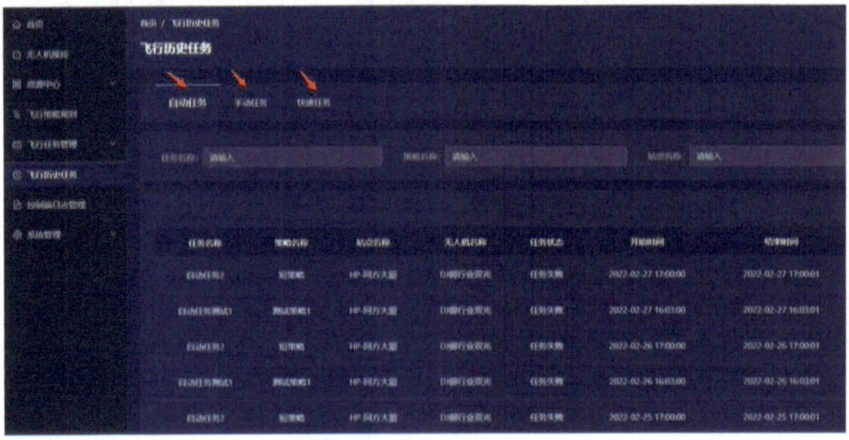

图 6–48　飞行历史记录

2）在列表页面单击“详情”，弹出窗口，查看飞行历史任务的详细情况。详情内容包括任务和航线配置、任务执行结果、实际飞行轨迹、任务录像和站点日志列表。

3）在列表页面单击“图片查看”，弹出窗口，查看任务中拍摄的照片。单击照片下方的查看图片位置，会在地图上标记出拍摄照片时所在位置坐标。

4）在列表页面单击“视频查看”，弹出窗口，查看任务中的录像。

知识点 10：控制端日志管理

1）在控制端日志管理栏下，可以单击 TAB 标签，切换普通日志、异常日志、任务日志的查看，如图 6-49 所示。

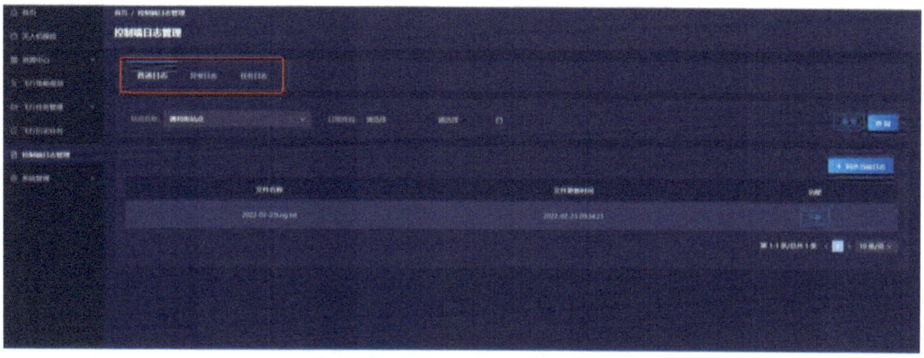

图 6-49 控制端日志管理

2）先选择站点，再单击“查询”来查看当前站点的安卓控制端上传的日志。

3）普通日志每天由系统默认在凌晨同步前一天的全部日志到服务器。如有需要可以单击“同步当前日志”按钮进行同步，画面显示同步成功后，要等待一段时间，待安卓控制端上传完毕后才可以查询到日志。

4）异常日志为安卓控制端的异常日志，当控制端发生错误时，会主动上传异常日志。

任务日志为安卓控制端的任务日志，当每次飞行任务执行完成时，会主动上传任务日志。

任务核验

1. 完成无人机自动机场主界面各功能项的操作。

2. 完成无人机自动机场自动航线飞行任务的操作。

参 考 文 献

[1] 贾恒旦，郭彪，杨刚 . 无人机操控与竞技 [M]. 北京：机械工业出版社，2020.

[2] 李发致，钟仲钢，黄海，等 . 无人机操控技术与实践 [M]. 北京：高等教育出版社，2021.

[3] 何先定，刘明鑫 . 无人机操控技术及任务设备 [M]. 北京：航空工业出版社，2020.

[4] 孙毅 . 无人机驾驶员航空知识手册 [M]. 北京：中国民航出版社，2014.

[5] 张月义，韦志军，郭文亮 . 无人机操控技术 [M]. 西安：西北工业大学出版社，2019.

[6] 史彦斌，朱熙，管祥民，等 . 民用无人机安全飞行基础 [M]. 北京：清华大学出版社，2021.

[7] 董朝阳，张文强 . 无人机飞行与控制 [M]. 北京：北京航空航天大学出版社，2019.

[8] 王宝昌 . 无人机航拍技术 [M]. 西安：西北工业大学出版社，2016.

[9] SIGTHORSSON D O. Control-oriented modeling and output feedback control of hypersonic air-breathing vehicles [D]. Columbus：The Ohio State University，2009.

[10] 姜坤 . 认识无人机——触手可及的智能飞行领航者 [M]. 北京：化学工业出版社，2019.